青少年百科知识文库

自然密码 · 自然寻真

NATURAL MYSTERY

司马法良◎编著

河南人民出版社

图书在版编目（CIP）数据

自然寻真/司马法良编著. —— 郑州 ：河南人民出
版社，2015.5
　（青少年百科知识文库．自然密码）
　ISBN 978-7-215-09425-3

　Ⅰ．①自… Ⅱ．①司… Ⅲ．①自然科学－青少年读物
Ⅳ．①N49

中国版本图书馆CIP数据核字(2015)第096446号

设计制作：崔新颖　　王玉峰
图片提供： fotolia

河南人民出版社出版发行

（地址：郑州市经五路66号　　邮政编码：450002　电话：65788036）
新华书店经销　　　　　三河市恒彩印务有限公司 印刷
开本 710毫米×1000毫米　　　　1/16　　　　印张 9
字数 128千字　　　　插页　　印数 1—6000册
2015 年 7 月第 1 版　　　　　　2015 年 7 月第 1 次印刷

定价：29.80 元

目录 CONTENTS

Part ① 太阳与地球

Part ② 奇特的地理

Part ③ 形形色色的动物

Part ④ 植物世界

Part ⑤ 微生物与菌类植物

Part ⑥ 气象万千

Part 1
太阳与地球

太阳系的中心——太阳

　　太阳只是一颗非常普通的恒星，在广袤浩瀚的繁星世界里，太阳的亮度、大小和物质密度都处于中等水平。只是因为它离地球较近，所以看上去是天空中最大最亮的天体。其他恒星离我们都非常遥远，即使是最近的恒星，也比太阳远 27 万倍，看上去只是一个闪烁的光点。

　　组成太阳的物质大多是些普通的气体，其中氢约占 71.3%、氦约占27%，其他元素占 2%。太阳从中心向外可分为核反应区、辐射区和对流区、太阳大气。太阳的大气层，像地球的大气层一样，可按不同的高度和不同的性质分成各个圈层，即从内向外分为光球、色球和日冕 3 层。我们平常看到的太阳表面，是太阳大气的最外层，温度约是 6000℃。它是不透明的，因此我们不能直接看见太阳内部的结构。但是，天文学家根据物理理论和对太阳表面各种现象的研究，建立了太阳内部结构和物理状态的模型。这一模型也已经被对于其他恒星的研究所证实，至少在大的方面是可信的。

　　太阳的核心区域半径是太阳半径的 1/4，约为整个太阳质量的一半以上。太阳核心的温度极高，达 1500 万℃，压力也极大，使得由氢聚变为氦的热核反应得以发生，从而释放出极大的能量。这些能量再通过辐射层和对流层中物质的传递，才得以传送到达太阳光球的底部，并通过光球向外辐射出去。太阳中心区的物质密度非常高，每立方厘米可达160克。太阳在自身强大重力吸引下，太阳中心区处于高密度、高温和高压状态，是太阳巨大能量的发祥地。太阳中心区产生的能量的传递主要靠辐射形式。太阳中心区之外就是辐射层，辐射层的范围是从热核中心区顶部的 0.25 个太阳半径向外到 0.86 个太阳半径，这里的温度、密度和压力都是从内向外递减。从体积来说，辐射层占整个太阳体积的绝大部分。太阳内部能量向外传播除辐射，还有对流过程，即从太阳 0.86 个太阳半径向外到达太阳大气层的底部，这一区间叫对流层。这一层气体性质变化很大，很不稳定，形成明显的上下对流运动。这是太阳内部结构的最外层。

↑ 太阳

太阳圆面

　　太阳分为光球、色球和日冕 3 层。太阳光球就是我们平常所看到的太阳圆面，通常所说的太阳半径也是指光球的半径。光球层位于对流层之外，属太阳大气层中的最低层或最里层。光球的表面是气态的，其平均密度只有水的几亿分之一，但由于它的厚度达 500 千米，所以光球是不透明的。光球层的大气中存在着激烈的活动，用望远镜可以看到光球表面有许多密密麻麻的斑点状结构，很像一颗颗米粒，称之为米粒组织。它们极不稳定，一般持续时间仅为 5 ～ 10 分钟，其温度要比光球的平均温度高出 300℃ ～ 400℃。目前认为这种米粒组织是光球下面气体的剧烈对流造成的现象。

　　光球表面另一种著名的活动现象便是太阳黑子。黑子是光球层上的巨大气流旋涡，大多呈现近椭圆形，在明亮的光球背景反衬下显得比较黑暗，但实际上它们的温度高达 4000℃ 左右，倘若能把黑子单独取出，一个大黑子便可以发出相当于满月的光芒。日面上黑子出现的情况不断变化，这种变化反映了太阳辐射能量的变化。太阳黑子的变化存在复杂的周期现象，平均活动周期为 11.2 年。

　　紧贴光球以上的一层大气称为色球层，平时不易被观测到，过去这一区域只是在日全食时才能被看到。当月亮遮掩了光球明亮光辉的一瞬间，人们能发现日轮边缘上有一层玫瑰红的绚丽光彩，那就是色球。色球层厚约 8000 千米，它的化学组成与光球基本上相同，但色球层内的物质密度和压力要比光球低得多。日常生活中，离热源越远处温度越低，而太阳大气的情况却截然相反，光球顶部接近色球处的温度差不多是 4300℃，到了色球顶部温度竟高达几万度，再往上，到了日冕区温度陡然升至上百万度。人们对这种反常增温现象感到疑惑不解，至今也没有找到确切的原因。

在色球上人们还能够看到许多腾起的火焰，这就是天文上所谓的"日珥"。日珥是迅速变化着的活动现象，一次完整的日珥过程一般为几十分钟。同时，日珥的形状也可说是千姿百态，有的如浮云烟雾，有的似飞瀑喷泉，有的好似一弯拱桥，也有的酷似团团草丛，真是不胜枚举。天文学家根据形态变化规模的大小和变化速度的快慢将日珥分成宁静日珥、活动日珥和爆发日珥三大类。最为壮观的要数爆发日珥，本来宁静或活动的日珥，有时会突然"怒火冲天"，把气体物质拼命往上抛射，然后回转着返回太阳表面，形成一个环状，所以又称环状日珥。

日冕是太阳大气的最外层。日冕中的物质也是等离子体，它的密度比色球层更低，而它的温度反比色球层高，可达上百万摄氏度。在日全食时，在日面周围看到放射状的非常明亮的银白色光芒即是日冕。日冕的范围在色球之上，一直延伸到好几个太阳半径的地方。日冕还会有向外膨胀运动，并使得热电离气体粒子连续地从太阳向外流出而形成太阳风。

太阳的剧烈活动

太阳看起来很平静，实际上无时无刻不在发生剧烈的活动。太阳由里向外分别为太阳核反应区、太阳对流层、太阳大气层。其中心区不停地进行热核反应，所产生的能量以辐射方式向宇宙空间发射。其中二十二亿分之一的能量辐射到地球，成为地球上光和热的主要来源。

太阳表面和大气层中的活动现象，诸如太阳黑子、耀斑和日冕物质喷发（日珥）等，会使太阳风大大增强，造成许多地球物理现象——极光增多、大气电离层和地磁的变化。

太阳活动和太阳风的增强还会严重干扰地球上无线电通讯及航天设备的正常工作，使卫星上的精密电子仪器遭受损害，地面通讯网络、电力控制网络发生混乱，甚至可能对航天飞机和空间站中宇航员的生命构成威胁。

因此，监测太阳活动和太阳风的强度，适时作出"空间气象"预报，越来越显得重要。

太阳黑子与耀斑

4000 年前，祖先用肉眼都能看到了像 3 条腿乌鸦的黑子。现在通过一般的光学望远镜观测太阳，观测到的是光球层的活动。在光球上常常可以看到很多黑色斑点，它们叫做"太阳黑子"。太阳黑子在日面上的大小、多少、

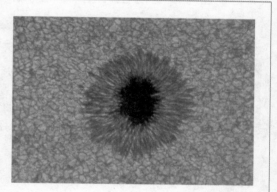

↑　太阳黑子

位置和形态等，每天都不同。太阳黑子是光球层物质剧烈运动而形成的局部强磁场区域，也是光球层活动的重要标志。长期观测太阳黑子就会发现，有的年份黑子多，有的年份黑子少，有时甚至几天，几十天日面上都没有黑子。天文学家们早就注意到，太阳黑子从最多或最少的年份到下一次最多或最少的年份，大约相隔 11 年。也就是说，太阳黑子有平均 11 年的活动周期，这也是整个太阳的活动周期。天文学家把太阳黑子最多的年份称之为"太阳活动高峰年"，把太阳黑子最少的年份称

之为"太阳活动低峰年"。

太阳耀斑是一种最剧烈的太阳活动。一般认为发生在色球层中，所以也叫"色球爆发"。其主要观测特征是：日面上（常在黑子群上空）突然出现迅速发展的亮斑闪耀，其寿命仅在几分钟到几十分钟之间，亮度上升迅速，下降较慢。特别是在太阳活动峰年，耀斑出现频繁且强度变强。

爆发时的太阳耀斑别看只是一个亮点，一旦出现，简直是一次惊天动地的大爆发。这一增亮释放的能量相当于 10 万至 100 万次强火山爆发的总能量，或相当于上百亿枚百吨级氢弹的爆炸。而一次较大的耀斑爆发，在一二十分钟内可释放 10^{25} 焦耳的巨大能量。

除了日面局部突然增亮的现象外，耀斑更主要表现在从射电波段直到 X 射线的辐射通量的突然增强。耀斑所发射的辐射种类繁多，除可见光外，有紫外线、X 射线和伽马射线，有红外线和射电辐射，还有冲击波和高能粒子流，甚至有能量特高的宇宙射线。

耀斑对地球空间环境造成很大影响。太阳色球层中一声爆炸，地球大气层即刻出现缭绕余音。耀斑爆发时，发出大量的高能粒子到达地球轨道附近时，将会严重危及宇宙飞行器内的宇航员和仪器的安全。当耀斑辐射来到地球附近时，与大气分子发生剧烈碰撞，破坏电离层，使它失去反射无线电电波的功能。无线电通信尤其是短波通信，以及电视台、电台广播，会受到干扰甚至中断。耀斑发射的高能带电粒子流与地球高层大气作用，产生极光，并干扰地球磁场而引起磁暴。

此外，耀斑对气象和水文等方面也有着不同程度的直接或间接影响。正因为如此，人们对耀斑爆发的探测和预报的关切程度与日俱增，正在努力揭开耀斑的奥秘。

太阳风

太阳风是一种连续存在，来自太阳并以200～800千米／秒的速度运动的等离子体流。这种物质虽然与地球上的空气不同，不是由气体的分子组成，而是由更简单的比原子还小一个层次的基本粒子——质子和电子等组成，但

↑ 太阳风

它们流动时所产生的效应与空气流动十分相似，所以称它为太阳风。当然，太阳风的密度与地球上的风的密度相比，是非常非常稀薄而微不足道的。一般情况下，在地球附近的行星际空间中，每立方厘米有几个到几十个粒子。而地球上风的密度则为每立方厘米有2687亿亿个分子。太阳风虽然十分稀薄，但它刮起来的猛烈劲，却远远胜过地球上的风。在地球上，12级台风的风速是每秒32.5米以上，而太阳风的风速，在

地球附近却经常保持在 350 ~ 450 千米／秒，是地球风速的上万倍，最猛烈时可达 800 千米／秒以上。太阳风是从太阳大气最外层的日冕，向空间持续抛射出来的物质粒子流，这种粒子流是从冕洞中喷射出来的，其主要成分是氢粒子和氦粒子。太阳风有两种：一种是持续不断地辐射出来，速度较小，粒子含量也较少，被称为"持续太阳风"；另一种是在太阳活动时辐射出来，速度较大，粒子含量也较多，这种太阳风被称为"扰动太阳风"。扰动太阳风对地球的影响很大，当它抵达地球时，往往引起很大的磁暴与强烈的极光，同时也产生电离层骚扰。同时太阳风的存在，也给我们研究太阳以及太阳与地球的关系提供了方便。

日食现象

　　当月球运动到太阳和地球中间，三者正好处在一条直线时，月球就会挡住太阳射向地球的光，月球身后的黑影正好落到地球上，这时就会发生日食现象。在地球上月影（月亮投射到地球上产生的影子）里的人们开始看到阳光逐渐减弱，太阳面被圆的黑影遮住，天色转暗。全部遮住时，天空中可以看到最亮的恒星和行星，几分钟后，太阳面从月球黑影边缘逐渐露出阳光，开始发光、复圆。由于月球比地球小，只有在月影中的人们才能看到日食。月球把太阳全部挡住时发生日全食，遮住一部分时发生日偏食，遮住太阳中央部分发生日环食。发生日全食的延续时间不超过 7 分 31 秒。日环食的最长时间是 12 分 24 秒。

　　发生日食需要满足两个条件。其一，日食总是发生在朔日（农历初一）。也不是所有朔日必定发生日食，因为月球运行的轨道（白道）和太阳运行的轨道（黄道）并不在一个平面上。白道平面和黄道平面有 5°9′ 的夹角。如果在朔日，太阳和月球都移到白道和黄道的交点附近，太阳离交点处有一定的角度（日食限），就能发生日食，这是要满足的第二个条件。

　　由于月球、地球运行的轨道都不是正圆，日、月同地球之间的距离时近时远，所以太阳光被月球遮蔽形成的影子，在地球上可分成本影、

↑ 日食现象

伪本影（月球距地球较远时形成的）和半影。观测者处于本影范围内可看到日全食；在伪本影范围内可看到日环食；而在半影范围内只能看到日偏食。

日全食发生时，根据月球圆面同太阳圆面的位置关系，可分成 5 种日食现象：

1. 初亏

月球比太阳的视运动走得快。日食时月球追上太阳。月球东边缘刚刚同太阳西边缘相"接触"时叫做初亏，是第一次"外切"，是日食的开始。

2. 食既

初亏后大约 1 小时，月球的东边缘和太阳的东边缘相"内切"的时刻叫做食既，是日全食（或日环食）的开始，对日全食来说这时月球把整个太阳都遮住了，对日环食来说这时太阳开始形成一个环；日食过程中，月亮阴影与太阳圆面第一次内切时二者之间的位置关系，也指发生这种位置关系的时刻。

食既发生在初亏之后。从初亏开始，月亮继续往东运行，太阳圆面被月亮遮掩的部分逐渐增大，阳光的强度与热度显著下降。天空方向与地图东西方向相反。

3. 食甚

是"太阳被食"最深的时刻，月球中心移到同太阳中心最近；日偏食过程中，太阳被月亮遮盖最多时，两者之间的位置关系较近；日全食与日环食过程中，太阳被月亮全部遮盖而两个中心距离最近。

4. 生光

月球东边缘和太阳东边缘相"内切"的时刻叫生光，是日全食的结束；从食既到生光一般只有二三分钟，最长不超过7分半钟；对于日食，食甚后，月亮相对日面继续往东移动。

5. 复圆

生光后大约1小时，月球西边缘和太阳东边缘相"接触"时叫做复圆，从这时起月球完全"脱离"太阳，日食结束。

日全食与日环食都有上述5个过程，而日偏食只有初亏、食甚、复圆3个过程，没有食既、生光。

地球的伴星——月球

　　月球俗称月亮，是地球的伴星，也是离地球最近的天体，还是被人们研究得最彻底的天体。人类至今唯一一个亲身访问过的天体就是月球。月球的年龄大约有46亿年。月球有壳、幔、核等分层结构。最外层的月壳平均厚度约为60～65千米。月壳下面到1000千米深度是月幔，它占了月球的大部分体积。月幔下面是月核，月核的温度约为1000℃，很可能是熔融状态的。月球直径约3476千米，是地球的1/4、太阳的1/400。月球的体积只有地球的1/49，质量约7350亿亿吨，相当于地球质量的1/80左右，月球表面的重力约是地球重力的1/6。

　　月球表面有阴暗的部分和明亮的区域。早期的天文学家在观察月球时，以为发暗的地区都有海水覆盖，因此把它们称为"海"。著名的有云海、湿海、静海等。而明亮的部分是山脉，那里层峦叠嶂，山脉纵横，到处都是星罗棋布的环形山。位于南极附近的贝利环形山直径295千米，可以把整个海南岛装进去。最深的山是牛顿环形山，深达8788米。除了环形山，月面上也有普通的山脉，高山和深谷叠现。

　　月球的正面永远都是向着地球，其是潮汐长期作用的结果。月球的背面绝大部分不能从地球上看见。在没有探测器的年代，月球的背面一直是个未知的世界。月球背面的一大特色是几乎没有月海这种较暗的月面特征。而当人造探测器运行至月球背面时,它将无法与地球直接通讯。

月球约 27 天绕地球运行一周,而每小时相对背景星空移动半度,即与月面的视直径相类似。与其他卫星不同,月球的轨道平面较接近黄道面,而不是在地球的赤道面附近。

相对于背景星空,月球围绕地球运行(月球公转)一周所需时间称为一个恒星月;而新月与下一个新月(或两个相同月相之间)所需的时间称为一个朔望月。朔望月较恒星月长是因为地球在月球运行期间,本身也在绕日的轨道上前进了一段距离。

因为月球的自转周期和它的公转周期是完全一样的,所以地球上只

↑ 月球

能看见月球永远用同一面向着地球。自月球形成早期，地球便一直受到一个力矩的影响导致自转速度减慢，这个过程称为潮汐锁定。亦因此，部分地球自转的角动量转变为月球绕地球公转的角动量，其结果是月球以每年约 38 毫米的速度远离地球。同时地球的自转越来越慢，一天的长度每年变长 15 微秒。

月球对地球所施的引力是潮汐现象的起因之一。月球围绕地球的轨道为同步轨道，所谓的同步自转并非严格。由于月球轨道为椭圆形，当月球处于近地点时，它的自转速度便追不上公转速度，因此我们可见月面东部达东经 98 度的地区。相反，当月球处于远地点时，自转速度比公转速度快，因此我们可见月面西部达西经 98 度的地区。

月球本身并不发光，只反射太阳光。月球亮度随日、月间角距离和地、月间距离的改变而变化。平均亮度为太阳亮度的 1/465000，亮度变化幅度从 1/630000 至 1/375000。满月时亮度平均为 −12.7 等（见）。它给大地的照度平均为 0.22 勒克斯，相当于 100 瓦电灯在距离 21 米处的照度。月面不是一个良好的反光体，它的平均反照率只有 7%，其余 93% 均被月球吸收。月海的反照率更低，约为 6%。月面高地和环形山的反照率为 17%，看上去山地比月海明亮。月球的亮度随而变化，满月时的亮度比上下弦要大 10 多倍。

由于月球上没有大气，再加上月面物质的热容量和导热率又很低，因而月球表面昼夜的温差很大。白天，在阳光垂直照射的地方温度高达 +127℃；夜晚，温度可降低到 −183℃。这些数值，只表示月球表面的温度。用射电观测可以测定月面土壤中的温度，这种测量表明，月面土壤中较深处的温度很少变化，这正是由于月面物质导热率低造成的。

月食现象

　　月食是一种特殊的天文现象，指当月球运行至地球的阴影部分时，在月球和地球之间的地区会因为太阳光被地球所遮蔽，就看到月球缺了一块。此时的太阳、地球、月球恰好（或几乎）在同一条直线上。月食可以分为月偏食、月全食和半影月食3种。月食只可能发生在农历15日前后。

　　以地球而言，当月食发生的时候，太阳和月球的方向会相差180度，所以月食必定发生在"望"（即农历15日）前后。要注意的是，月食只能发生在满月的时候，这时，太阳、地球和月球成一直线，整个月面被照亮，所以只要天清气朗，保证能看清楚看到这种壮观的场面。然而并不是每次满月都会发生月食，因为月球绕地球的轨道偏离了黄道约5度的交角，只有当满月时刻正好是在月球在其轨道上穿过黄道平面时，才会发生月全食。古代月食记录有时可用来推定历史事件的年代。中国古代迷信的说法又叫做天狗吃月亮。

　　月食可分为月偏食、月全食以及半影月食3种（切记不会发生月环食。因为月球的体积比地球小得多）。当月球只有部分进入地球的本影时，就会出现月偏食；而当整个月球进入地球的本影时，就会出现月全食。

至于半影月食，那就是指月球掠过地球的半影区，造成月面亮度极轻微的减弱，很难用肉眼看出差别，因此不为人们所注意。

地球的直径大约是月球的4倍，在月球轨道处，地球的本影的直径仍相当于月球的2.5倍。所以当地球和月亮的中心大致在同一条直线上，月亮就会完全进入地球的本影，而产生月全食。而如果月球始终只有部分为地球本影遮住时，即只有部分月亮进入地球的本影，就发生月偏食。因为，月球的体积比地球小得多。

太阳的直径比地球的直径大得多，地球的影子可以分为本影和半影。如果月球进入半影区域，太阳的光也可以被遮掩掉一些，这种现象在天文上称为半影月食。由于在半影区阳光仍十分强烈，月面的光度只是极轻微减弱，多数情况下半影月食不容易用肉眼分辨。

另外，由于地球的本影比月球大得多，这也意味着在发生月全食时，月球会完全进入地球的本影区内，所以不会出现月环食这种现象。

每年发生月食数一般为两次，最多发生3次，有时一次也不发生。因为在一般情况下，月亮不是从地球本影的上方通过，就是在下方离去，很少穿过或部分通过地球本影，所以一般情况下就不会发生月食。

据观测资料统计，每世纪中半影月食、月偏食、月全食所发生的百分比约为36.6%，34.46%和28.94%。

海洋能能源

海洋能包括潮流、海流、波浪、温差和盐差等，它是一种可再生的巨大能源。据估算，世界仅可利用的潮汐能一项就达 30 亿千瓦，其中可供发电约为 260 万亿度。科学家曾作过计算，世界沿岸各国尚未被利用的潮汐能要比目前世界全部的水力发电量大 1 倍。

我国的潮汐能量也相当可观，蕴藏量为 1.1 亿千瓦，可开发利用量约 2100 万千瓦，每年可发电 580 亿度。浙江、福建两省岸线曲折，潮差较大，那里的潮汐能占全国沿海的 80%。浙江省的潮汐能蕴藏量尤其丰富，约有 1000 万千瓦，钱塘江口潮差达 8.9 米，是建设潮汐电站最理想的河口。

20 世纪 50 年代后期，我国曾出现过利用潮汐能建电站高潮，沿海诸省市兴建了 42 个小型潮汐电站，总装机容量 500 千瓦。70 年代初再度出现潮汐办电热潮，至今仍在使用的潮汐电站共有 8 座，总装机容量 7245 千瓦。其中较大的 3 座为浙江江厦电站、山东半岛白沙口电站和广东甘竹滩洪电站。

波浪发电主要集中研究小型气动式装置，应用在海上做导航标灯。

据估算，我国可供利用的海洋能量还有：潮流能 1000 万千瓦、波

↑ 潮汐

浪能 7000 万千瓦、海流能 2000 万千瓦、温差能 1.5 亿千瓦和盐差能约为 1 亿千瓦。

潮汐发电站一般建造在潮差比较大的海湾和河口。选好建站址后就要开始修建水库，因为海洋里的水是相连一体的。为了要利用它发电，首先要将海水蓄存起来，这样便可以利用海水出现的落差产生的能量来带动发电机进行发电。

如果将波浪的能量转换为可利用的能源，那也是一种理想的能源。据计算，游泳池每秒钟在 1 平方千米海面上能产生 20 万千瓦的能量，全世界海洋中可开发利用的波浪能约为 27 亿～30 亿千瓦，而我国近海域波浪能的蕴藏量约为 1.5 亿千瓦，可开发利用量约 3000 万～3500 万千瓦。目前，一些发达国家已经开始建造小型的波浪发电站。对利用温差和盐差的能量转换为能源的问题正在研究开发中。

海水中的资源

海水中溶解了大量的气体物质和各种盐类。人类在陆地上发现的100多种元素，在海水中可以找到80多种。人们利用海盐为原料生产出上万种不同用途的产品，例如烧碱（NaOH）、氯气、氢气和金属钠等，凡是用到氯和钠的产品几乎都离不开海盐。

海水中蕴藏着极其丰富的钾盐资源，据计算总储量达 $5×10^{13}$ 吨，但是由于钾的溶解性低，在1升海水中仅能提取380毫克钾。

溴是一种贵重的药品原料，可以生产许多消毒药品，例如大家熟悉的红药水就是溴与汞的有机化合物，溴还可以制成熏蒸剂、杀虫剂、抗爆剂等。地球上99%以上的溴都蕴藏在汪洋大海中，故溴还有"海洋元素"的美称。据计算，海水中的溴含量约65毫克／立方厘米，整个大洋水体的溴储量可达 $1×10^{14}$ 吨。

镁不仅大量用于火箭、导弹和飞机制造业，它还可以用于钢铁工业。近年来镁还作为新型无机阻燃剂，用于多种热塑性树脂和橡胶制品的提取加工。另外，镁还是组成叶绿素的主要元素，可以促进作物对磷的吸收。镁在海水中的含量仅次于氯和钠，总储量约为 $1.8×10^{15}$ 吨，主要以氯化镁和硫酸镁的形式存在。

铀是高能量的核燃料，1千克铀可供利用的能量相当于2250吨优质煤。然而陆地上铀矿的分布极不均匀，并非所有国家都拥有铀矿，全世界的铀矿总储量也不过 2×10^6 吨左右。但是，在巨大的海水水体中，含有丰富的铀矿资源，总量超过 4×10^9 吨，约相当于陆地总储量的 2000 倍。

从 20 世纪 60 年代起，日本、英国、联邦德国等先后着手从海水中提取铀的工作，并且逐渐掌握了多种方法提取海水中的铀，以水合氧化钛吸附剂为基础的无机吸附剂的研究进展最快。当今评估海水提铀可行性的依据之一仍是一种采用高分子黏合剂和水合氧化钴制成的复合型钛吸附剂。现在海水提铀已从基础研究转向开发应用研究。日本已建成年产 10 千克铀的中试工厂，一些沿海国家亦计划建造百吨级或千吨级铀工业规模的海水提铀厂。如果将来海水中的铀能全部提取出来，所含的裂变能相当于 1×10^{16} 吨优质煤，比地球上目前已探明的全部煤炭储量还多 1000 倍。

"能源金属"锂是用于制造氢弹的重要原料。海洋中每升海水含锂 15 ～ 20 毫克，海水中锂总储量约为 2.5×10^{11} 吨。随着受控核聚变技术的发展，同位素锂 6 聚变释放的巨大能量最终将和平服务于人类。锂还是理想的电池原料，含锂的铝锂合金在航天工业中占有重要位置。此外，锂在化工、玻璃、电子、陶瓷等领域的应用也有较大发展。因此，全世界对锂的需求量正以每年 7% ～ 11% 速度增加。目前，主要是采用蒸发结晶法、沉淀法、溶剂萃取法及离子交换法从卤水中提取锂。

重水也是原子能反应堆的减速剂和传热介质，也是制造氢弹的原料。海水中含有 2×10^{14} 吨重水，如果人类一直致力的受控热核聚变的研究得以解决，从海水中大规模提取重水一旦实现，海洋就能为人类提供取之不尽、用之不竭的能源。

除了上述已形成工业规模生产的各种化学元素外，海水还无私地奉献给人类全部其他微量元素。

生命是否起源于海洋

生命的起源一直是科学家们研究的课题，从现在的研究成果看，普遍认为生命起源于海洋。水是生命活动的重要成分，海水的庇护能有效防止紫外线对生命的杀伤。大约在 45 亿年前，地球就形成了。

↑ 三叶虫化石

大约在 38 亿年前，当地球的陆地上还是一片荒芜时，在咆哮的海洋中就开始孕育了生命——最原始的细胞，其结构和现代细菌很相似。大约经过了 1 亿年的进化，海洋中原始细胞逐渐演变成为原始的单细胞藻类，这大概是最原始的生命。由于原始藻类的繁殖，并进行光合作用，产生了氧气和二氧化碳，为生命的进化准备了条件。这种原始的单细胞藻类又经历亿万年的进化，产生了原始水母、海绵、三叶虫、鹦鹉螺、蛤类、珊瑚等。海洋中的鱼类大约是在 4 亿年前出现的。

　　由于月亮的吸引力作用，引起海洋潮汐现象。涨潮时，海水拍击海岸；退潮时，把大片浅滩暴露在阳光下。原先栖息在海洋中的某些生物，在海陆交界的潮间带经受了锻炼，同时，臭氧层的形成，可以防止紫外线的伤害，使海洋生物登陆成为可能，有些生物就在陆地生存下来。同时，无数的原始生命在这种剧烈变化中死去，留在陆地上的生命经受了严酷的考验，适应环境，逐步得到发展。大约在两亿年前，爬行类、两栖类、鸟类出现了。而所有的哺乳动物都在陆地上诞生，他们的一部分又回到海洋中。大约在 300 万年前，出现了具有高度智慧的人类。

洋 流

　　洋流又称海流，是海洋中除了由引潮力引起的潮汐运动外，海水沿一定途径的大规模流动。引起海流运动的因素可以是风，也可以是热盐效应造成的海水密度分布的不均匀性。前者表现为作用于海面的风应力，后者表现为海水中的水平压强梯度力。加上地转偏向力的作用，便造成海水既有水平流动，又有垂直流动。由于海岸和海底的阻挡和摩擦作用，海流在近海岸和接近海底处的表现和在开阔海洋上有很大的差别。

　　大洋中深度小于二三百米的表层为风漂流层，行星风系作用在海面的风应力和水平湍流应力的合力，与地转偏向力平衡后，便生成风漂流。行星风系风力的大小和方向，都随纬度变化，导致海面海水的辐合和辐散。一方面，它使海水密度重新分布而出现水平压强梯度力，当它和地转偏向力平衡时，在相当厚的水平层中形成水平方向的地转流；另一方面，在赤道地区的风漂流层底部，海水从次表层水中向上流动，或下降而流入次表层水中，形成了赤道地区的升降流。

　　大洋上的结冰、融冰、降水和蒸发等热盐效应，造成海水密度在大范围海面分布不均匀，可使极地和高纬度某些海域表层生成高密度的海水，而下沉到深层和底层。在水平压强梯度力的作用下，作水平方向的

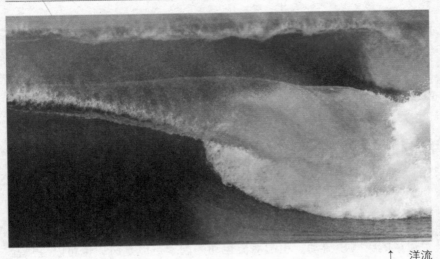

↑ 洋流

流动，并可通过中层水底部向上再流到表层，这就是大洋的热盐环流。

　　大洋表层生成的风漂流，构成大洋表层的风生环流。其中，位于低纬度和中纬度处的北赤道流和南赤道流，在大洋的西边界处受海岸的阻挡，其主流便分别转而向北和向南流动，由于科里奥利参量随纬度的变化（β－效应）和水平湍流摩擦力的作用，形成流幅变窄、流速加大的大洋西向强化流。每年由赤道地区传输到地球的高纬地带的热量中，有一半是大洋西边界西向强化流传输的。进入大洋上层的热盐环流，在北半球由于和大洋西向强化流的方向相同，使流速增大，但在南半球则因方向相反，流速减缓，故大洋环流西向强化现象不太显著。

　　大洋表层风生环流在南半球的中纬度和高纬度地带，由于没有大陆海岸阻挡，形成了一支环绕南极大陆连续流动的南极绕极流。

　　在大洋的东部和近岸海域，当风力长期地、几乎沿海岸平行地均匀吹刮时，一方面生成风漂流，发生海水的水平辐合和辐散，而出现上升流和下降流；另一方面因海水在近岸处积聚和流失而造成海面倾斜，发生水平压强梯度力而产生沿岸流，就形成沿岸的升降流。

大洋西向强化流在北半球向北（南半球向南）流动，而后折向东流，至某特定地区时，流动开始不稳定，流轴在其平均位置附近便发生波状的弯曲，出现海流弯曲（或蛇行）现象，最后形成环状流而脱离母体，生成了中央分别为来自大陆架的冷水的冷流环和来自海洋内部的暖水的暖流环。这是一类具有中等尺度的中尺度涡。此外，在大洋的其他部分，由于海流的不稳定，也能形成其他种类的中尺度涡。这些中尺度涡集中了海洋中很大一部分能量，形成了叠加在大洋气候式平均环流场之上的各种天气式涡旋，使大洋环流更加复杂。

在海洋的大陆架范围或浅海处，由于海岸和海底摩擦显著，加上潮流特别强等因素，便形成颇为复杂的大陆架环流、浅内海环流、海峡海流等浅海海流。

海流按其水温低于或高于所流经的海域的水温，可分为寒流和暖流两种，前者来自水温低处，后者来自水温高处。表层海流的水平流速从几厘米／秒到 300 厘米／秒，深处的水平流速则在 10 厘米／秒以下。铅直流速很小，从几厘米／天到几十厘米／时。海流以流去的方向作为流向，恰和风向的定义相反。

海流对海洋中多种物理过程、化学过程、生物过程和地质过程，以及海洋上空的气候和天气的形成及变化，都有影响和制约的作用，故了解和掌握海流的规律、大尺度海—气相互作用和长时期的气候变化，对渔业、航运、排污和军事等都有重要意义。

水循环

在太阳能和地球表面热能的作用下，地球上的水不断被蒸发成为水蒸气，进入大气。水蒸气遇冷又凝聚成水，在重力的作用下，以降水的形式落到地面，这个周而复始的过程，称为水循环。

水是一切生命机体的组成物质，也是生命代谢活动所必需的物质，又是人类进行生产活动的重要资源。地球上的水分布在海洋、湖泊、沼泽、河流、冰川、雪山以及大气、生物体、土壤和地层。水的总量约为 1.4×10^{13} 立方米，其中 97% 在海洋中，约覆盖地球总面积的 70%。陆地上、大气和生物体中的水只占很少一部分。

地球上的水圈是一个永不停息的动态系统。在太阳辐射和地球引力的推动下，水在水圈内各组成部分之间不停地运动着，构成全球范围的大循环，并把各种水体连接起来，使得各种水体能够长期存在。海洋和陆地之间的水交换是这个循环的主线，意义最重大。在太阳能的作用下，海洋表面的水蒸发到大气中形成水汽，水汽随大气环流运动，一部分进入陆地上空，在一定条件下形成雨雪等降水；大气降水到达地面后转化为地下水、土壤水和地表径流，地下径流和地表径流最终又回到海洋，由此形成淡水的动态循环。这部分水容易被人类社会所利用，具有经济价值，正是我们所说的水资源。

水循环是联系地球各圈和各种水体的"纽带"，是"调节器"，它调节了的地球各圈层之间的能量，对冷暖气候变化起到了重要的因素。水循环是"雕塑家"，它通过侵蚀，搬运和堆积，塑造了丰富多彩的地表形象。水循环是"传输带"，它是地表物质迁移的强大动力和主要载体。更重要的是，通过水循环，海洋不断向陆地输送淡水，补充和更新新陆地上的淡水资源，从而使水成为了可再生的资源。

水循环的主要作用表现在 3 个方面：

1. 水是所有营养物质的介质，营养物质的循环和水循化不可分割地联系在一起。

2. 水对物质是很好的溶剂，在生态系统中起着能量传递和利用的作用。

3. 水是地质变化的动因之一，一个地方矿质元素的流失，而另一个地方矿质元素的沉积往往要通过水循环来完成。

水循环是多环节的自然过程，全球性的水循环涉及蒸发、大气水分输送、地表水和地下水循环以及多种形式的水量储蓄。

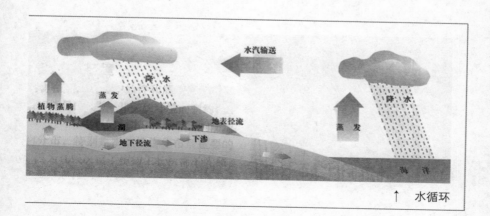

↑ 水循环

降水、蒸发和径流是水循环过程的 3 个最主要环节，这三者构成的水循环途径决定着全球的水量平衡，也决定着一个地区的水资源总量。

蒸发是水循环中最重要的环节之一。由蒸发产生的水汽进入大气并随大气活动而运动。大气中的水汽主要来自海洋，一部分还来自大陆表面的蒸发。大气层中水汽的循环是蒸发—凝结—降水—蒸发的周而复始的过程。海洋上空的水汽可被输送到陆地上空凝结降水，称为外来水汽降水；大陆上空的水汽直接凝结降水，称内部水汽降水。一地总降水量与外来水汽降水量的比值称该地的水分循环系数。全球的大气水分交换的周期为 10 天。在水循环中水汽输送是最活跃的环节之一。

径流是一个地区（流域）的降水量与蒸发量的差值。多年平均的大洋水量平衡方程为：蒸发量＝降水量＋径流量；多年平均的陆地水量平衡方程是：降水量＝径流量＋蒸发量。但是，无论是海洋还是陆地，降水量和蒸发量的地理分布都是不均匀的，这种差异最明显的就是不同纬度的差异。

地球上的"寒极"

  1838 年，俄国商人尼曼诺夫在途经西伯利亚的伊尔库茨克时，无意中测得了 −60℃ 的最低气温，在当时引起了一场轰动。但是谁也不太相信这位商人测得的记录是正确的。47 年以后，也就是 1885 年 2 月，位于北纬64 度的奥依米康，人们测得了 −67.8℃

↑ 寒极

最低温度，第一次获得了世界"寒极"的称号。1957 年 5 月，位于南极"极点"的美国安蒙森·斯科特观测站传出了一个惊人的消息，那里的最低气温降到了 −73.6℃，因而世界的"寒极"从北半球迁到了南极。同年 9 月，这个观测站又记录到了 −74.5℃ 的更低气温。1983 年 7 月 21 日，俄罗斯"东方站"测得的最低气温为 −89.2℃，这才是真正的"寒极"了。

  为什么地球上的"寒极"出现在南极呢？这是因为，南极地区纬度高，离海洋也远。"东方站"位于南极圈以内，而且都处在 3000 米左右的高原上。冬季长夜漫漫，气温急剧降低；夏季虽有几十天的极昼，但太阳斜射，光热微弱，冰雪难以融化，所以一直保持很低的气温。

海洋自然带

辽阔的海洋与陆地相比，其表面非常单一，表层的温度、盐度、水层动态及海洋生物的分布等也都有一定的纬向地带性。但由于海洋水体具有巨大的流动性，故地带性表现不如大陆明显，各自然带之间的界限只能大体确定，海洋自然带数目也较少。海洋自然带的划分，仍以热量带为基础，生物群的分布也是划分海洋自然带的主要标志之一。根据冬季海洋表层水温的不同，分为冷水（小于0℃）、温水（0℃～10℃）、暖水（10℃～20℃）和热水（大于20℃）等4种类型。结合与海水温度、理化特征和水体运动密切联系的浮游生物的数量变化，可将世界海洋分为7个自然带。

1.北极带

包括巴伦支海的大部分水面以外的北冰洋，以及北美东部纽芬兰到冰岛一线西北的大西洋部分。这里表层水温低，又因大陆冰冻期长，江河流入海洋的营养盐类不多，故海洋生物种数有限，仅在冰融化的边缘海域，才有浮游生物，并将一些鱼类和其他动物吸引到此处。其中具有经济价值的鱼类主要有北极鳕、白海鲱等。此外，还有鲸目动物（北极鲸或格陵兰鲸）以及海豹、海象和海鸥、海雀、海鹦等。

2. 北温带

北邻北极带，南至北纬40°左右的海域。这里终年受极地气团影响，虽然冬季表层水温较低，但盐度小，含氧量多，水团垂直交换强，水中营养盐类丰富，浮游生物很多，故使大量以浮游生物为饵料的鱼类得到繁殖、生长，成为世界重要渔场的分布区域。本带鱼类的种数远比北极带丰富，主要有太平洋鳕鱼、鲱鱼、大马哈鱼等，它在世界渔业经济中占据着重要地位。哺乳动物中，在太平洋部分有海狗、海驴、海獭、日本鲸和海豚；在大西洋水域有比斯开鲸、白海海豚、海豹等。

3. 北热带

位于北纬40°到北纬10°～18°之间。全年受副热带高压带控制，广大海域水体垂直交换微弱，深层水的营养盐类不易上涌，浮游生物和有经济价值的鱼类都较少。但是，在受赤道洋流影响的海域，含有丰富营养盐类的深层水上涌，使浮游生物和鱼类得以繁殖，形成有价值的鱼类捕捞区。哺乳类动物很少，主要有抹香鲸。本带北部繁殖有多种浮游动物，南部有大量的珊瑚、海龟和鲨等。

4. 赤道带

位于北纬10°～18°和南纬0°～8°之间，处在赤道低压区，全年气温高、风力微弱、蒸发旺盛，加之有赤道洋流引起海水的垂直交换，使下层营养盐类上升，生物养料比较丰富，鱼类较多，主要有鲨、鳕等，飞鱼为赤道带典型鱼类。

5. 南热带

位于南纬 0°～8°到南纬 40°之间。本带由于高压特别强盛，致使热带位置向北推移，其他特征和成因均与北热带基本相同。

6. 南温带

大约处于南纬 40°～60°之间，海洋生物的发育和生长条件与北温带相似。海生植物繁茂，巨型藻类生长极好，浮游生物丰富，是南半球海洋动物最多的地带。这里生活着几种南、北温带均可见到的动物类群，如海豹、海狗、鲸、刀鱼、小鳁鱼、鱼、鲨鱼等。冬季有南方的海洋动物在此越冬，夏季有热带海洋动物前来肥育。在非洲大陆西南和南美洲秘鲁沿海，因有上升流存在，把深层海水中丰富的营养盐类和有机物质带到海水表层，使浮游生物大量繁殖，因而鱼类非常丰富，成为南半球重要的捕捞区。

7. 南极带

位于南纬 60°以南到南极大陆之间，全年盛行来自极地的东南风，水温很低。在短促的夏季，有温带的回游鱼类来此肥育。南极海域有丰富的磷虾作为饵料，故有较多的鲸类。此外还有海豹、海狗、海驴和一些鸟类。它和北极带一样，生物种类较少，但个别种（如硅藻、磷虾和企鹅等）的数量很多。

Part2

奇特的地理

奇妙的磁力漩涡地带

　　在美国俄勒冈州有个奇妙、离奇的磁力漩涡地带。凡到过这个地方的人，都会被惊得目瞪口呆。如果骑马前来，马一到这个地方就裹足不前，而且万分恐惧地向后倒退。在天空飞翔的小鸟，一飞到这个地方的上空就好像要被粘住一般，寸步难移，经过一阵颤抖、挣扎，便慌慌忙忙向别处逃跑，即使是四周的树木也深受影响，树枝连叶都向磁力圈低头。

　　若把橡皮球放在漩涡磁力圈内，橡皮球便向磁力中心点滚过去。把纸张撕成碎片散掷于空中，碎片就在空中卷进漩涡中，然后在磁力中心点落下来，好像有人在空中搅拌碎纸似的。这种不可思议的景象，任何人看了都会怀疑自己到了别的星球，不知所措。

　　后来人们用仪器测定，显示这里有个直径约 50 米的磁力圈。但这个磁力圈不是固定不动，而是以 9 天为一周期，循圆形轨道移动。

引力逆向的中国怪坡

　　在甘肃省甘南县祈丰区的戈壁滩上，于 1999 年初发现了一段怪坡。怪坡距嘉峪关和酒泉市各约 40 多千米。在砾石乱布的戈壁荒滩上，有一条明显的土沟，怪坡在沟的一侧，坡度约有 15 度、长 60 米。在这段坡上驾驭机动车，下坡要加大油门，否则难以行进；上坡要踩刹车，否则速度会自行加快。向坡面上倒水，水往高处（坡上方）流，立放在坡面的自行车，轮胎也自行向坡上方跑；机动车越大，自行向上方跑的速度越快。有记者亲自进行了试验，把越野车停放在坡的下半端，车头向下，关闭油门，变速箱放在空档位置，只见汽车不向下滑，却自行向坡上后退，而且速度越来越快。当越野车向坡下行驶时，则需要加大油门。而在土沟的另一侧，也有一条类似的坡道，但并没有这种奇怪的现象。

　　中国很多地方都发现了怪坡，大连市滨海怪坡位于滨海路"十八盘"的上部地段。"十八盘"是对滨海路一段 S 形弯度极大的陡峭山路的通俗称呼。"怪坡"一段长约 60 米，宽 4 米，看起来显然是东高西低的坡度，但驾车来此停住不动，汽车会被一股神秘力量牵引往坡上方向驱动，感觉相当明显。如果骑自行车来这里感觉就更妙，骑车人不用蹬就可驶向坡顶，反之下坡时则要用力蹬。怪坡现象引起地质学家和大学教授们的极大关注，但至今仍没有找到令人信服的科学解释。

"黄泉大道" 之谜

　　在美洲的著名古城特奥蒂瓦坎，有一条被称为"黄泉大道"的纵贯南北的宽阔大道。在公元 10 世纪时，最早来到这里的阿兹台克人，沿着这条大道来到这座古城时，发现全城没有一个人，他们认为大道两旁的建筑都是众神的坟墓，所以就给它起了这个奇怪的名字。很多年以前，一位名叫休·哈列斯顿的人测量"黄泉大道"两边的神庙和金字塔遗址时发现"黄泉大道"上那些遗址的距离，恰好表示着太阳系行星的轨道数据。在"城堡"周围的神庙废墟里，地球和太阳的距离为 96 个"单位"，金星为 72，水星为 36，火星为 144。"城堡"后面有一条运河，它离"城堡"的中轴线为 288 个"单位"，刚好是木星和火星之间小行星带的距离。离中轴线 520 个"单位"处是一座无名神庙的废墟，这相当于从木星到太阳的距离。再过 945 个"单位"，又是一座神庙遗址，这是太阳到土星的距离。再走 1845 个"单位"，就到了月亮金字塔的中心，这刚好是天王星的轨道数据。假如再把"黄泉大道"的直线延长，就到了塞罗戈多山上的两处遗址。其距离分别为 2880 个和 3780 个"单位"，刚好是冥王星和海王星轨道的距离。

　　"黄泉大道"很明显是根据太阳系模型建造的，特奥蒂瓦坎的设计

↑　特奥蒂瓦坎"黄泉大道"

　　者们肯定早已了解整个太阳系的行星运行的情况，并了解了太阳和各个行星之间的轨道数据。但是，人类在 1781 年才发现天王星，1845 年才发现海王星，1930 年才发现冥王星。那么在混沌初开的史前时代，又是哪一只看不见的手，给建筑特奥蒂瓦坎的人们指点出了这一切呢？

神奇的地温异常地带

辽宁省东部山区桓仁县境内有被人们称为"地温异常带"的地方。这条"地温异常带"一头开始于浑江左岸满族镇政府驻地南 1500 米处的船营沟里，另一端结束于浑江右岸宽甸县境内的牛蹄山麓。整个"地温异常带"长约 15 千米，面积约 10.6 万平方米。

夏天到来时，"地温异常带"的地下温度开始逐渐下降。在气温高达 30℃ 的盛夏，这里地下 1 米深处，温度竟为零下 12℃，达到了滴水成冰的程度。

入秋后，这里的气温开始逐渐上升。在隆冬降临、朔风凛冽的时候，"地温异常带"却是热气腾腾。人们在任家山后的山冈可以看到，虽然大地已经封冻，但是种在这里的角瓜却依然是蔓叶壮肥，周围的小草也还是绿色的。

此外，河南林县石板岩乡西北部的太行山半腰也有一个海拔 1500 米叫"冰冰背"的地方。在这里，阳春三月开始结冰，冰期长达 5 个月；寒冬腊月，却又热浪滚滚，从乱石下溢出的泉水温暖宜人，小溪两岸奇花异草，鲜艳嫩绿。

海水和海底的年龄

　　我们知道，海洋中的盐分都是汇入大海的江河在漫长的历史年代中一点点累积起来的。因此，从海水中的含盐量可以间接测定海水的年龄，目前科学家们比较认可的海水的年龄约为 45 亿年。人们普遍认为，海底的年龄应该大于 45 亿年才对。可是科学家们多年来对太平洋深海钻探取得的岩芯进行年龄测定，至今也从未发现过太平洋底有早于 1.5 亿年前的任何样品。也就是说，没有任何证据表明，太平洋底的年龄超过了 1.5 亿年。这好像是一件很奇怪的事情，怎么会有这种令人费解的情况出现呢？

　　原来在海洋的底部，有一条峰峦绵亘的雄伟山脉，它起自北冰洋，穿过冰岛，纵贯大西洋，绕过非洲，沿印度洋西侧北上，直达红海，然后调头沿印度洋东侧直至澳洲，横过南太平洋后再傍着美洲大陆的西海岸奔向阿拉斯加，人们称之为大洋中脊。大洋中脊的突出特征是沿脊线的山峰陡峭高耸，而且这些山峰又往往被它们中央的裂谷深深地分割为二，形成双峰对峙之势。而数量众多的地震震源正好沿着这条大洋中脊的中央裂谷和脊段之间的横向断裂而分布。由于裂谷和断裂的存在，这里的地壳变得很薄，大约只有 3 千米～ 5 千米，地底下高温高压的熔岩

↑ 全球洋底地貌图

以中央裂谷为突破口，不断冲破谷底"老"的地壳向外喷涌，但碰到海水后又凝固，形成了新的地壳，并将老地壳向外排挤，形成了海底的扩张，或者说换底的现象。

大洋中脊每年产生的新地壳约为 10 厘米宽，这样宽约 15000 千米的太平洋洋底，只要 1.5 亿年便可更新一次，难怪大洋底的年龄不超过 1.5 亿年。因此与海水比较起来，海底实在是太年轻了。

钱塘江大潮形成的原因

　　每逢农历八月十八日，来浙江海宁一带观潮的人，成群结队，络绎不绝。这时的江岸边，人山人海，万头攒动，人们焦急地等待那激动人心时刻的到来。不一会儿，忽见人群骚动，只见远处出现一条白线，由远而近；刹那间，壁立的潮头，像一堵高大的水墙，呼啸席卷而来，发出雷鸣般的吼声，震耳欲聋，这真是"滔天浊浪排空来，翻江倒海山为摧"。这就是天下闻名的钱塘江大潮。汹涌壮观的钱塘潮，历来被誉为"天下奇观"。人们通常称这种潮为"涌潮"，也有的叫"怒潮"。涌潮现象，在世界许多河口处也有所见。如巴西的亚马孙河、法国的塞纳尔河等。我国的钱塘江大潮，也是世界著名的。

　　为什么会发生这样壮观的涌潮呢？

　　首先，这与钱塘江入海的杭州湾的形状有关，也与其特殊的地形有关。杭州湾呈喇叭形，口大肚小。钱塘江河道自澉浦以西，急剧变窄抬高，致使河床的容量突然缩小，大量潮水拥挤入狭浅的河道，潮头受到阻碍，后面的潮水又急速推进，迫使潮头陡立，发生破碎，发出轰鸣，出现惊险而壮观的场面。但是，河流入海口是喇叭形的很多，但能形成涌潮的河口却只是少数，钱塘潮能荣幸地列入这少数之中，又是为什么？

← 钱塘江大潮

　　科学家经过研究认为，涌潮的产生还与河流里水流的速度跟潮波的速度比值有关，如果两者的速度相同或相近，势均力敌，就有利于涌潮的产生，如果两者的速度相差很远，虽有喇叭形河口，也不能形成涌潮。

　　还有，河口能形成涌潮与其处的位置潮差大小有关。由于杭州湾在东海的西岸，而东海的潮差，西岸比东岸大。太平洋的潮波由东北进入东海之后，在南下的过程中，受到地转偏向力的作用，向右偏移，使两岸潮差大于东岸。

　　杭州湾处在太平洋潮波东来直冲的地方，又是东海西岸潮差最大的方位，得天独厚。所以，各种原因凑在一起，促成了钱塘江涌潮。

未开发的资源宝库北冰洋

　　北冰洋虽是一个冰天雪地的世界，气候严寒，还有漫长的极夜，不利于动植物的生长，但它并不是人们想象的寸草不长，生物绝迹的不毛之地。当然比起其他几大洋来，生物的种类和数量是比较贫乏的。

↑　未开发的北冰洋

海岛上的植物主要是苔藓和地衣，南部的一些岛屿上有耐寒的草本植物和小灌木；动物以生活在海岛、浮冰和冰山上的白熊最著名，被誉为北极的象征，其他还有海象、海豹、雪兔、北极狐、驯鹿和鲸鱼等。由于气温和水温很低，浮游生物少，故鱼类的种类和数量也较少，只有巴伦支海和格陵兰海因处在寒暖流交汇处，鱼类较多，盛产鲱鱼、鳕鱼，是世界著名渔场之一。夏季在西伯利亚沿岸一带鸟类很多，形成独特的"鸟市"。值得注意的是，北冰洋海域的矿产资源相当丰富，是地球上一个还没有开发的资源宝库，特别是巴伦支海、喀拉海、波弗特海和加拿大北部岛屿以及海峡等地，蕴藏有丰富的石油和天然气，估计石油储量超过 100 亿吨。斯匹次卑尔根的煤储量约 80 多亿吨，煤层厚、质量优、埋藏浅，苏联和挪威已联合进行开采，年产煤 100 多万吨；格陵兰的马莫里克山的铁矿，储量 20 多亿吨，系优质矿。此外，北冰洋地区还蕴藏着丰富的铬铁矿、铜、铅、锌、钼、钒、铀、钍、冰晶石等矿产资源，但大多尚未开采利用。

Part 3
形形色色的动物

哺乳动物的角

哺乳类的角可分为洞角、实角、叉角羚角、长颈鹿角、表皮角等5种类型。

洞角，由骨心和角质鞘组成，角质鞘即习称之为角，成双着生于额骨上，终生不更换，有不断增长的趋势。洞角为牛科动物所特有。

实角，为分叉的骨质角，无角鞘。新生角在骨心上有嫩皮，通称为茸角，如鹿茸。角长成后，茸皮逐渐老化、脱落，最后仅保留分叉的骨质角，如鹿角。鹿角每年周期性脱落和重新生长，这是鹿科动物的特征。除少数两性具角如驯鹿，或不具角如麝、獐之外，一般仅雄性具角。

叉角羚角，是介于洞角与鹿角之间的一种角型。骨心不分叉而角鞘具小叉，分叉的角鞘上有融合的毛，毛状角鞘在每年生殖期后脱换，骨心不脱落。此型为雄性叉角羚所特有，而雌性叉角羚仅有短小的角心。

长颈鹿角，由皮肤和骨所构成，骨心上的皮肤与身体其他部分的皮肤几乎没有差别。

表皮角，完全由表皮角质层的毛状角质纤维所组成，无骨质成分，为犀科所特有。角的着生位置特殊，在鼻骨正中，双角种类的两角呈前后排列，前角生于鼻部，后角生长在额部。

哺乳动物繁衍生产优势

哺乳动物在繁衍生产上的优势在于，母乳为后代提供了养分充足且易于被消化的天然优质婴幼食品，从而有效地保证后代有较高的成活率，而无效的繁殖数量也随之相应降低，初生的幼小生命不再会因自然灾害和恶劣的气候环境而缺吃少喝，母亲体内的脂肪足以维持小型"乳汁厂"的开工投产。动物的乳汁含有蛋白质、脂肪、乳糖、钙、碳酸氢钠、镁、氯、钾和多种矿物质，还含有维生素和激素。其中海豹和灰鲸的乳汁最富有营养，其脂肪含量高达 53% 以上，因而一头小鲸每天竟能靠乳汁增重 100 千克。野兔每周仅给小兔喂两三次奶就足够了，原因是它们的乳汁中含有 25% 的脂肪。

同吃同住的家庭生活模式，使幼小的哺乳动物获得了更多的生存机会。"适者生存"的自然法则更加速物种的进化速度。哺乳动物在家庭生活的圈子里不仅养育和护卫自己的后代，更注重培养后代的觅食和自身的防卫御敌能力。食物结构的改善促进了大脑的发展，从而使哺乳动物能够将智能和经验代代相传，长久受益。

水生哺乳动物的呼吸方式

　　水生哺乳动物能长时间在水下活动而又不至于缺氧。它们是如何解决呼吸问题的呢？通常情况下，血红蛋白作为一种血液与氧结合的特殊物质具有两种特性：在血液流经肺部时，能及时高效地与氧结合，即每毫升血液可结合 0.2 毫升氧，约占血量的 20%；能及时释放所结合的氧，使肌体组织及时受益。肌肉的需氧量较大时，在收缩过程中使血管受阻，无法从血液中获得宝贵的氧，因而大自然又选择一种肌红蛋白来为肌肉供氧。肌红蛋白类似于血红蛋白，但它捕获和保存氧的能力更强一些，只有在外界环境中非常缺氧的情况下才释放氧。温血动物心肌中的肌红蛋白含量为 0.5%，可使每克心肌获取两毫升的储存氧，这足以保障心肌的正常需求。

　　水生哺乳动物在至关重要的肌肉里，肌红蛋白的含量很高，它们的大储量氧库就构建在那些肌肉里。抹香鲸能在水下潜泳 30～50 分钟而丝毫不感到困难，鳄鱼则可在水里逗留 0.5～2 小时，这正是肌红蛋白发挥储氧供氧机能的奥妙所在。

陆地体型最大哺乳动物

非洲象是陆地上体形最大的哺乳动物。雄性和雌性非洲象呈二态性（雌雄两性在体形或身体特征上都有所不同）。雄性肩高约 3 米，重约 5000 ～ 6000 千克，而雌性肩高约 2.5 米，重约 3000 ～ 3500 千克。平均寿命 60 ～ 70 岁。

它们厚厚的灰色或棕灰色的皮肤上长有刚毛和敏感的毛发。为了保护避免皮肤不受阳光灼晒或蚊虫叮咬，非洲象经常在泥中打滚，或用它们的鼻子在身体上喷洒泥浆。非洲象的背上还有一道凹进去的曲线。雌性和雄性非洲象都长有象牙。非洲象的象牙一生都在生长，所以年岁越大象牙越大。非洲象使用象牙采集食物、搬运、作为攻击武器。

和亚洲象一样，非洲象也用它们的鼻子来闻、吃、交流、控制物体、洗澡和喝水（它们并不直接通过鼻子喝水，而是用鼻子吸水再喷入口中）。非洲象鼻子的前端有两个像手指一样的突出物（亚洲象只有一个）来帮助它们控制物体。

非洲象群家族母象的孕期大约为 22 个月（哺乳动物中最长的），每隔 4 ～ 9 年产下一仔（双胞胎极为罕见）。幼象出生时大约重 79 ～ 113 千克，大约到 3 岁时才断奶，但会同母象一同生活 8 ～ 10 年。头象和

←　非洲象

雌象一直生活在一起。有血缘关系的象群关系比较密切，有时会聚集到一起形成 200 头以上的大型群落，但是这只是暂时性的。

雄性非洲象独居或形成 3 ~ 5 头的小型象群，同雌性象群一样，雄性象群的阶级结构也很复杂。在雄象的活跃期，睾丸激素水平上升，攻击性加强。这时眼部分泌物增多，腿上会有尿液滴下。

非洲象的嗅觉和听觉都很灵敏。最近研究表示非洲象使用次声波进行远距离交流。它们的食物主要包括草、草根、树芽、灌木、树皮、水果和蔬菜等。它们每天要喝 30 ~ 50 加仑的水。

陆地上奔跑最快的动物

猎豹又称印度豹，是奔跑最快的哺乳动物，每小时可达 115 千米。它是猫科动物的一种，也是猎豹属下唯一的物种，现在主要分布在非洲与西亚。

猎豹的外形和其他多数的猫科动物不怎么相像。它们的头比较小，鼻子两边各有一条明显的黑色条纹从眼角处一直延伸到嘴边，如同两条泪痕，这两条黑纹有利于吸收阳光，从而使视野更加开阔。它们的身材修长，体形精瘦，身长约 140 ~ 220 厘米，高度约 75 ~ 85 厘米。它们的四肢也很长，还有一条长尾巴。猎豹的毛发呈浅金色，上面点缀着黑色的实心圆形斑点，背上还长有一条像鬃毛一样的毛发。猎豹的爪子有些类似狗爪，因为它们不能像其他猫科动物一样把爪子完全收回肉垫里，而是只能收回一半。

栖息于有丛林或疏林的干燥地区，平时独居，仅在交配季节成对，也有由母豹带领 4 ~ 5 只幼豹的群体。猎豹捕食猎豹的生活比较有规律，通常是日出而作，日落而息。一般是早晨 5 点钟前后开始外出觅食，它行走的时候比较警觉，不时停下来东张西望，看看有没有可以捕食的猎物。同时，它也防止其他的猛兽捕食它。它一般是午间休息，午睡的时候，它每隔 6 分钟起来，就要起来查看一下，看看周围有什么危险。一般来说的话，猎豹每一次只捕杀一只猎物，每一天行走的距离就是大概 5 千米，最多走 10 多千米。虽然它善跑，但是它行走距离并不远。

↑　猎豹

　　猎豹以羚羊等中小型动物为食。除以高速追击的方式进行捕食外，也采取伏击方法，隐匿在草丛或灌木丛中，待猎物接近时突然窜出猎取。母豹 1 胎产 2 ~ 5 仔。寿命约 15 年。

　　猎豹是陆地上跑得最快的动物，时速可达 115 千米，而且，加速度也非常惊人，据测，一只成年猎豹能在 4 秒之内达到 100 千米／小时的速度。不过，耐力不佳，无法长时间追逐猎物，如果猎豹不能在短距离内捕捉到猎物，它就会放弃，等待下一次出击。

　　为了速度，猎豹渐渐进化的身材修长，腰部很细，爪子也无法像其他猫科动物那样随意伸缩，在力量方面也不及其他大型猎食动物，因此无法和其他大型猎食动物如狮子、鬣狗等对抗。虽然捕猎成功率能达到 50% 以上，但辛苦捕来的猎物经常被更强的掠食者抢走，因此猎豹会加快进食速度，或者把食物带到树上。

北极猛兽——北极熊

　　北极熊是北极沿海浮冰及烈风吹袭的海岸上最大、最凶猛的食肉动物。在陆地上，平常没有动物敢攻击它。除了老雄海象或集结成群的麝牛之外，北极熊简直无所畏惧。

　　北极熊通常都居于陆地附近，但在冰封的北极海大半地方也会有它们的足迹，还会随着浮冰漂流出海。夏季，北极熊常在沿岸各地，很少深入内陆30千米以外。

　　成年的雄北极熊平均约重450千克，动作极为敏捷，能跃过冰上4米宽的裂缝。这样重量的雄北极熊，体长两米多，后腿站立时，能平视大象。

　　探险家和捕鲸的人讲述许多有关北极熊猎食动物的技巧，其中有一些无疑言过其实。例如，用两只前爪捧着大冰块击破海象的头部；潜近猎物的时候，用雪把黑鼻子盖起来；以后腿站立，向海豹投掷大冰块，先把海豹击昏才从容猎食等，这些说法都非事实。一般人都认为北极熊是迟钝笨拙的动物，但是有人见过它在陆地上追到飞奔的鹿的前面。

　　北极熊蛮力很大，能把90多千克重的嗜冰海豹从冰上海豹通气洞猛力拖出来，连海豹的骨盆也撞碎。

← 北极熊

北极熊猎取伏在浮冰上晒太阳的海豹时，早在进入海豹视力所及范围之前，就像一只大猫似的平伏冰面，以肋部或腹部匍匐前进，尽量掩护身形，从冰面滑入水中，再游上浮冰。然后突然扑击，这时海豹已来不及跳水逃走。海豹在水中的速度和耐力，远胜北极熊。目击者说曾见大群嗜冰海豹在水中围攻北极熊，甚至咬伤北极熊后腿。由此可知，海豹在水中显占上风。

北极熊基本上是独自猎食，但在幼熊能自行猎食之前，雌熊和幼熊集群出猎。交配期过后，雄熊便离开雌熊。在短短数天的交配期内，雄熊时常猛烈相斗，但在其他时间，除非遇到难得的肉食，例如受冰块困住而窒息致死的白鲸或独角鲸等，几只雄熊和几群雌熊及幼熊才聚在一起，大家相安无事地大快朵颐，否则彼此互不理睬。北极冬季期间，那些不在洞穴藏身的北极熊饥不择食。鸟卵、海草、碎木片，甚至同类的死尸等，什么都吃。夏季，北极熊到岸上换毛时，也是亲食性的，口味与同科动物棕熊相同,吃野草、地衣和越橘。北极熊也捕食旅鼠等小动物。在阿拉斯加,鲑鱼逆流而上的季节,北极熊便到小水潭和窄水道去捕食鲑鱼。

北极熊虽于4月间交配,但9月始着胎,产期为严冬。在自挖的雪洞内生产。初生幼熊长不及30厘米,重不足1000克,整个冬季与母熊同住在雪洞内。母熊授乳期长达20周,母乳是幼熊在这段期间的唯一食料。3个月后幼熊约重10千克,但母熊则因哺乳期内禁食,原来的317千克体重,可能减轻一半。到天气回暖时,幼熊已长大,可以走出雪洞。

出生后几个月内,幼熊在10厘米厚的皮下脂肪层上面长出浓密的绒毛和粗厚的保护毛。

3、4月间,母熊走出雪洞,开始捕食。最初的食物或许是冻腐肉。春天通常是食物丰收的季节,有大量幼海豹,特别是积雪下面洞穴里出生的嗜冰海豹。北极熊凭嗅觉寻觅海豹。袭击时必须迅速,因为海豹可钻入水中的冰洞。北极熊如能一掌击坍冰洞穴顶,便可一举双得海豹母子。

幼熊这时首次尝到固体食物,不过仍要继续由母熊哺乳,度过第二个冬季。雌熊通常第三年生育一次;如果失掉幼熊,便提前交配。幼熊在冰雪覆盖的斜坡嬉戏、滑冰,学习求生之术,还模仿母熊游泳和潜猎。母熊与幼熊玩滑坡游戏,一连玩上几个钟头,甚至有人见到年龄较大的老熊也沿浮冰斜坡滑下,然后爬上去再滑。

北极熊母子在第二个夏季分离,母熊离开半长成的幼熊,让它独立生活。这段时间,幼熊最易为猎人捕杀,到了冬季来临,也极易在酷寒中丧生。

深海鱼类为何发光

生活在海洋深处的鱼类，怎样在极其暗淡的光线下识别同类，寻找配偶和觅食呢？

原来，许多鱼类都像萤火虫那样，有着发光的本领。不同的鱼类，发出标志不同的亮光，靠着这些亮光，在同一鱼类中可以互相传递信息，并诱骗其他鱼类做牺牲品，或者用以摆脱捕食者。因此，发光是深海鱼类赖以生存的重要手段之一。

有人发现，在大海的某些深度区，95%的鱼类都能够随时发光，或者保持连续发光。而在茫茫的海面上，却又常常可以看到发光的鱼群及其他海上生物，把一片水域照亮。

隐灯鱼可以算是一种典型的发光鱼类。它的眼睛下方有一对可以"随意开关"的发光器，发出的光能在水中射到15米远，以致有人深夜在深海中不用照明就能把它捉到。

身子薄如刀刃的斧头鱼，虽然身长不过5厘米，但发光物几乎遍布全身，发光的时候，光芒能把整条鱼的轮廓勾画出来。鱼身下部的光既集中又明亮，仿佛插着一排小蜡烛。

鱼类发出的光，大多是蓝色或蓝绿色，但也有少数鱼类发出的光是

← 发光鱼

淡红、浅黄、黄绿、橙紫或蓝白色的。发光本领最高超的,恐怕要算渔民们所熟悉的琵琶鱼了。琵琶鱼能发出黄、黄绿、蓝绿、橙黄等多种颜色的光。这是由于它身上以至嘴里都带着能发出磷光的细菌,当这些细菌和来自血管里的氧相接触时,便发生反应,显出闪光。

有些鱼类的头肩有腺体性发光器,当它遇敌逃跑的时候,能发出光雾,以迷惑敌人。有一种生活在深海区的虾,在逃避时也能释放出一片发光的液体,迷惑敌人。

鱼的发光器官很多,甚至很小的鱼,它的表体也会有几千个微小的发光体。但是,不管哪种发光器官,发光时都离不开氧气,氧气供应停止,光就熄灭。这和人工复制化学光有点类似:化学光不需要电路和电池,只要与空气或氧气接触,即被活化而发光;把它装在密闭的容器里,隔绝了空气中的氧,光就立即熄灭。

鱼类如何辨别回家路线

海洋中的珊瑚礁可算是一个嘈杂的地方，小虾用它们的小爪，鱼类用它们的牙齿源源不断地发出声音。研究结果显示熟悉的声音可以吸引鱼类。在嘈杂的海洋里，幼鱼利用声音找到自己的家。当鱼类从卵中孵化出来后，它们通常在海洋里四处漂流，待它们成熟后，才回到其出生的地点再次进行繁殖。一个由苏格兰爱丁堡大学的 Simpson 博士领导的研究小组希望通过实验找到这些鱼类找到自己出生地方的秘密。他们已经知道声音可以在水中传播几千米的距离，所以他们就想证实是否是声音引导它们回到出生地。这些科学家在澳大利亚附近的海岸建立了 24 个人工珊瑚礁，并且在一些珊瑚礁中安装扩音器以发出声音。第一次测试中，发出声音的珊瑚礁吸引到 325 条鱼，而没有发出声音的珊瑚礁仅吸引到 108 条鱼。第二次实验选择了 3 种不同的声音：高频声音、低频声音和无声。发出高频率声音的珊瑚礁吸引到 1118 条鱼，发出低频声音的珊瑚礁吸引到 1171 条鱼，无声珊瑚礁吸引到 657 条鱼。科学家说道，这些现象或许可以说明，人为产生的噪声，例如轮船和钻井都可能对鱼类的繁殖起破坏作用。另外，此项发现也可能导致渔业利用声音吸引到更多的鱼，最终导致海洋中的生物物种接近枯竭。

淡水鱼之王——白鲟

　　白鲟属鲟形目白鲟科，是一种罕见而具有特殊经济价值的鱼类。其身体呈梭形，前部扁平，后部稍侧扁，吻部像是一把延长的剑，吻的两侧有宽而柔软的皮膜。这种鱼的嘴巴特别大，眼睛却特别小，看起来很不相称。全身光滑无鳞，在体侧生有数行坚硬的骨板，这些骨板起着保护身体的作用。在尾鳍的上叶有 8 个棘状鳞。全身均为暗灰色，仅腹部为白色，因此而称白鲟。最大的鲟鱼体长为 4 米左右，体重约 500 千克，称得上是淡水鱼之王了。白鲟平时喜欢吃甲壳动物、小虾等食物，在春夏之间，又以鲚鱼为主要食物。每年 3 ～ 4 月份为白鲟繁殖期。一条 30 ～ 40 千克的白鲟，怀卵量可达 20 万粒，但成活率极低。我国的鲟鱼除了白鲟外，还有中华鲟，它的体长仅次于白鲟，一般在 2 ～ 3 米，重 400 千克左右，是淡水中的第三号"鱼王"。中华鲟的性格凶猛，经常追捕各种鱼类。鲟鱼的肉味非常鲜美，除鲜食或制成罐头外，熏制鲟鱼出口国外，深受称赞。它的卵经过加工后，也是名贵的食品，鲟鱼鳔是制作胶质的原料。由于人们的滥捕的结果，目前鲟鱼的数量已大大减少，是一种濒危物种，现已列为保护对象。我国准备在长江中下游建立以白鲟为主的自然保护区，以确保"淡水鱼之王"不致遭到灭绝的危险。

珍奇动物肺鱼

在非洲、美洲和澳大利亚的江河里，生长着一种介于鱼类和两栖类之间的珍奇动物，它叫肺鱼。肺鱼出现于 40000 年前的泥盆纪时期，它身上披着瓦状的鳞，背鳍、臀鳍和尾鳍都连在一起，并有构造最古老的"原鳍"，所谓原鳍与正常鱼鳍不同之处是一个肉柄状的东西。肺鱼的鳔的构造很像肺，可以进行气体交换，所以有人将肺鱼的鳔称为"原始肺"，肺鱼的名字也是由此而来的。肺鱼还有内鼻孔，它在水中用鳃呼吸，当河水干涸时，它们能钻进泥土里，用"肺"和内鼻孔呼吸。科学家们认为肺鱼是自然界中最先尝试的由水中转向陆地的动物。

非洲肺鱼是在 4 亿年前已广泛分布在非洲的淡水沼泽地带和河川里的一种极原始的鱼类。当雨水充沛的时候，它可以用鳃痛快地呼吸，等到了干旱季节，沼泽地带干涸了，非洲肺鱼就要钻进烂泥堆里去睡觉。由于天气炎热，外面的泥堆早已被烘干，无形中成了一个泥洞，非洲肺鱼用嘴打开一个"小天窗"，然后自己又从皮肤上渗出一种黏液，使泥洞的壁变硬。它通过洞口，用肺呼吸外面的新鲜空气。它能在泥洞里不吃不喝地夏眠几个月，待到雨季来临，它又回到水中生活。

非洲肺鱼的夏眠引起了科学家的兴趣，他们早就认为，夏眠动物或冬眠动物体内一定存在着一种能引起睡眠的激素。现在，科学家们已经从非洲肺鱼的脑组织中提取一种物质，并将这种物质引入实验用的老鼠体内，结果使它们很快地进入了睡眠状态。当这些老鼠醒来之后，精神仍然很好。科学家们已把这种动物睡眠激素应用到人类失眠者身上。非洲肺鱼生性好斗，只要两条肺鱼相遇，必然有一条鱼的尾巴被咬断。冬眠时的肺鱼也不例外，有人从泥土中挖掘肺鱼时，竟被它咬伤了手指。

1835 年，有人在亚马孙河流域的池沼和杂草丛生的浅水湖里看到过美洲肺鱼。这种鱼的背鳍、尾鳍和臀鳍愈合成一个总的鳍。这种鱼据说能发出猫叫的声音。每当干旱季节，肺鱼就躲进泥洞中，用肺进行呼吸。待雨季一开始它就从泥洞中爬出来，饱餐一顿，然后自己建巢，准备着生儿育女。美洲肺鱼的皮肤里可以散布着各种色素细胞，因此它们的体色是多种多样的，并能随着环境的变化而改变身体的颜色。

澳洲肺鱼则是肺鱼中体型最大的一种，体长可达 1 米多，主要分布在澳大利亚。在肺鱼生活的河川里，有时可以听到一种"呼隆、呼隆"的声响，其实这是肺鱼升出水面和从肺里呼出空气时发出的响声。它每隔 40 ～ 50 分钟就要升到水面上来呼吸 1 次。虽然肺鱼能用肺呼吸但它也能用鳃呼吸，可是如果长久地把它放在岸上，它的鳃干了，也会死亡。澳洲肺鱼极不喜欢活动，经常趴在水底一动不动，偶尔到水面上吸一口气，而后慢慢地又游到底层休息去了。有时渔民在捕捞别的鱼类时，碰到了澳洲肺鱼，就故意搅动河水，肺鱼仍然一动不动，又用木棍拨它的身体，这时它只是不高兴地把身体缓缓地向前游动一点，然后又停下来，所以，当地渔民把澳洲肺鱼又称"懒汉"鱼。

离水能活的鱼

人所共知，鱼儿离不开水。鱼是用鳃呼吸的水生动物。它没有内肢也没有肺，离水以后时间稍长，即会窒息死亡。可是也有的鱼离开了水不但能活，而且还能爬能跳。

这种鱼的身体侧扁，但在头顶上长着一对大而突出的眼睛，这对眼睛能灵活地向着各个方向转动，它的名字就叫弹涂鱼。

这种鱼一般生活在热带的海岸和我国南方沿海一带。每当退潮时，便可以看到它们在潮湿的沙滩上蹦蹦跳跳，有时爬到红树根上。别看弹涂鱼没有脚，它却能爬又能跳，这主要是由于它的胸鳍生得十分粗壮，如同陆地上动物的前肢，活动自如。它的腹鳍又合并成一个吸盘，当它爬到潮湿的泥沙地上以后，可以靠着吸盘吸附在其他物体上。弹涂鱼在陆地上的行走动作很有趣：它用腹鳍先把身体支撑住，然后再用胸鳍交替着向前移动。乍看起来，都觉得弹涂鱼的行动很慢，如果它碰到敌害，其爬行速度之快是相当惊人的。它还会利用坚韧的胸鳍、锋利的牙齿和宽大的嘴巴掘出一个大土洞，在炎热的夏天它就可以躲进洞里去避暑。弹涂鱼的鳃腔很大，这样能贮存大量的空气，同时这种鱼的皮肤布满了血管，无形中就起到辅助呼吸的作用。当它在陆地上活动时，常常将尾

↑　弹涂鱼

鳍伸进杂草丛生的水洼中，或者紧贴在潮湿的泥地上。这样也可以帮助呼吸。弹涂鱼喜欢吃小型甲壳动物和昆虫，其肉味道鲜美细嫩、营养价值较高。

　　无独有偶，在我国福建、广东和一些热带、亚热带的湖沼河沟中，有一种小型鱼类，它很喜欢在夜间进行捕食活动，它们总是成群结队离开河水、经过田野到大路上去寻找最爱吃的昆虫，有时它们发现小树丛中有一团团的小昆虫，那么就一蹦一跳地上去，吃得饱饱的再爬回小河里，这种离水能活的鱼叫攀鲈鱼。

　　攀鲈鱼的行动很奇特，在它的鳃盖后面有很多硬棘，每当行动的时候就靠着鳃盖上的硬棘顶着地面，胸鳍和尾部的帮助和配合，就能一点一点地往前爬行。在天气干旱的季节，攀鲈鱼可以在潮湿的淤泥中生活几个月不致饿死，更不会因河水干涸而死亡。这是由于攀鲈鱼也有副呼吸器官，这个副呼吸器官是在它的鳃腔背后，生有类似木耳形状的皱褶，皱褶的表面上布满了许许多多的微血管，这样便可以进行气体交换。

还有一种长相像蛇的鳗鲡，它除了在水中生活外，还经常爬到潮湿的草地上或雨水流过的地方去寻找食物。它很喜欢吃小昆虫及小蜗牛。每当吃饱以后它们就在岸边草丛中爬来爬去，有时走路人竟被鳗鲡吓了一跳。鳗鲡的身上布满了粘液，无鳞的皮肤上面又布满了微血管，这样就可以利用皮肤和外界进行气体交换，来维持生命。可是也有人认为鳗鲡离开水能活的主要原因是由于这种鱼的鳃孔极小的缘故，这样水分不易蒸发，我们说这种看法是不正确的。黄鳝是大家所熟知的淡水鱼，它的肉质很鲜嫩。黄鳝一般生活在池塘、稻田等浅水的地方，也有人经常看到黄鳝竖起前半截身体，在东张西望，其实它并没有看什么东西，而是在呼吸新鲜的空气呢。通过观察，黄鳝的鳃早已退化，这就给它在水中进行呼吸出了大难题，但黄鳝的口腔和咽喉表面却布满了微血管，它可以伸出头来把空气吞进口腔后，慢慢地进行氧气交换，因而它在淤泥中度过几个月也不至饿死。

除此之外，还有肺鱼、泥鳅、乌鳗等也都属于离水能活的鱼。刚才提到这些鱼类，都有一套离水可以继续生存的本领，它们的这些本领在科学上称之为具有副呼吸器官。

鸟类为何迁徙

每年到了一定的季节，鸟类就由一个地方飞往另一个地方，过一段时间又飞回来，并且年年如此，代代相传，鸟类的这种移居活动，叫迁徙。

目前，世界上已知的鸟类有 8000 多种。并不是所有的鸟类都有迁徙现象，例如麻雀、喜鹊等鸟类在一个地区一年四季都可以见到，从不迁徙，称为留鸟；而啄木鸟等过着漂泊流浪式的生活，它们的活动地区随着食物而转移，没有明显的栖息地区，称为漂泊鸟，这也不算迁徙。

鸟类为什么会有迁徙现象呢？有的科学家认为，远在 10 多万年前，地球上曾发生多次冰川。冰川来临时，北半球广大地区冰天雪地，鸟儿找不到食物，失去生存的条件，就飞到温暖的地方。后来冰川慢慢融化，并向北方退却，许多鸟类又飞回来。由于冰川周期性的侵袭和退却，就形成了鸟类迁徙的习性。如果果真这样，那么鸟的迁徙本能早在几百万年前就形成了。

有的科学家认为，鸟类迁徙的根本原因是受体内一种物质的周期性刺激导致的。这种刺激物质可能是性激素。有时候，由于这种物质的刺激导致的迁徙本能，可能超越母性的本能，因此，在这些鸟类中往往可以看到，当迁徙季节来临时，雌雄双亲可以抛弃晚出生的幼雏，而远走

↑　鸟儿迁徙

他乡了。

　　也有的科学家用生物钟来解释鸟类迁徙现象。现在，人们普遍认为，鸟的迁徙与外界环境条件的变化和内在生理的变化都有关系。鸟的迁徙要飞过漫长的路程，例如有一种鹬，从苏联的最北部，一直飞到南美洲的南部去越冬，旅程 1500 千米，要飞行 47 天。

　　鸟的迁徙总是按固定不变的路线，从不迷航。这是为什么呢？有的科学家认为，这是鸟类通过视觉，依据地形、地物和食物来辨认和确定迁徙路线。有的科学家则认为，鸟类在白天迁徙时是以太阳的位置来导航；夜晚则以星宿的位置来导航。有的科学家则认为路线是靠鸟类对地球磁场的感觉确定的。

　　尽管这些科学家的解释都有一定的道理，然而也仍有一定的局限性，还有待于科学家们的进一步探讨。

叫声如婴儿的大鲵

大鲵是我国特产的一种珍贵野生动物，因其夜间的叫声犹如婴儿啼哭，所以俗称为"娃娃鱼"，但它却并非鱼类，而是体形最大的一种两栖动物，体长一般为 1 米左右，最长的可达 2 米，体重为 20 ～ 25 千克，最大的达 50 千克。娃娃鱼的家族在地球上已经存活了 3.65 亿年了。

现在我们常见娃娃鱼体表颜色主要有暗褐色、红棕色、深黄色 3 种。娃娃鱼眼小如绿豆，尾粗短，体表附有透明黏液。娃娃鱼扁头大嘴，它的上颚有两排牙齿，下颚有一排牙齿，当它们吃东西的时候，上下颚合拢，牙齿形成交错状，它们白天躲在洞穴内，夜晚出来活动，它拥有四肢，四肢肥短，很像婴儿的手臂，据说也是把它叫做娃娃鱼的又一个原因。前肢具 4 指，后肢具 5 趾，指（趾）间有微蹼，无爪。它还是一个十足的近视眼呢，虽然它的皮肤裸露，表面没有鳞片，毛发等覆盖，但是可以分泌黏液以保持身体的湿润，其幼体在水中生活，用鳃进行呼吸，长大后用肺兼皮肤呼吸。娃娃鱼属于两栖动物。有资料记载现在存活的两栖动物还分为 3 种，有尾没腿的、有腿有尾的、有腿没尾的。娃娃鱼为有腿有尾的。

大鲵的分布很广泛，黄河、长江及珠江中下游及其支流中都有它的

↑　大鲵

踪迹，遍及北京怀柔、河北、河南、山西、陕西、甘肃、青海、四川、贵州、湖北、湖南、安徽、江苏、浙江、江西、福建、广东和广西壮族自治区等省、区，在我国古书中多有"鲵鱼有四足，如鳖而行疾，有鱼之体，而以足行，声如小儿啼，大者长八，九尺……"等记载，《本草纲目》中也说："鲵鱼，在山溪中，似鲶有四脚，长尾，能上树，声如小孩啼，故曰鲵鱼，一名人鱼。"可见大鲵的形态和生活习性早已为我国人民所熟知，娃娃鱼的名字也一直传到现在。

　　在两栖动物中，大鲵的生活环境较为独特，一般在水流湍急，水质清凉，水草茂盛，石缝和岩洞多的山间溪流、河流和湖泊之中，有时也在岸上树根系间或倒伏的树干上活动，并选择有回流的滩口处的洞穴内栖息，每个洞穴一般仅有一条。洞的深浅不一，洞口比其身体稍大，洞内宽敞，有容其回旋的足够空间，洞底较为平坦或有细沙。白天常藏匿于洞穴内，头多向外，便于随时行动，捕食和避敌，遇惊扰则迅速离洞向深水中游去。傍晚和夜间出来活动和捕食，游泳时四肢紧贴腹部，靠摆动尾部和躯体拍水前进。它在捕食的时候很凶猛，常守候在滩口乱石间，发现猎物经过时，突然张开大嘴囫囵吞下，再送到胃里慢慢消化，所以有些地方的歇后语说："娃娃鱼坐滩口，喜吃自来食。"即指此而言。成体的食量很大，食物包括鱼、蛙、蟹、蛇、虾、蚯蚓及水生昆虫等，有时还吃小鸟和鼠类。有趣的是，它还善于"用计"捕捉一种隐藏在溪中石缝里的石蟹，利用石蟹两只大螯钳住东西便不轻易松开的特点，将自己带有腥味分泌物的尾巴尖伸到石缝之中，诱使石蟹用螯来钳。一旦发现石蟹"中计"，便立即将其顺势拉出。

由于新陈代谢缓慢，食物缺少时其耐饥能力很强，有时甚至 2～3 年不进食都不会饿死。9～10 月活动逐渐减少，冬季则深居于洞穴或深水中的大石块下冬眠，一般长达 6 个月，直到翌年 3 月开始活动。不过它入眠不深，受惊时仍能爬动。

大鲵每年 5～8 月繁殖，它的雄性和雌性在外形上很难区分，只有在繁殖期通过泄殖孔的不同来辨认，雄性泄殖孔的内周有一圈突出的白色乳点，孔的周围充血红肿，桔瓣状的肌肉隆起，雌性泄殖孔的肌肉则是松弛的。大鲵的繁殖以体内受精为主，雄性不会鸣叫，两性也没有"抱对"和交配行为发生，但雄性的求偶表现也很引人注目。雄性先是不断围绕着雌性游动，时而前行，把尾巴向前弯曲并急速抖动；时而后游，用吻端去触摸雌性的泄殖腔孔。雄性的这种求偶游戏，竟长达数小时之久，雌性在雄性的刺激下，终于尾随在雄性之后，缓缓游动。雄性乘机排出乳白色的精包，徐徐沉落水底，雌性则以泄殖腔的边唇扣住精包，随之将精子吸入体内，储于输卵管中，等待着与卵子会合而受精，而精包的胶质包膜则被遗弃到体外。

产卵前通常首先由雄性用头、足和尾部把洞穴做的"产房"清扫干净后，雌性才住进去。产卵多在夜间进行，雌性一次可产卵400～1500枚，卵为乳黄色，直径5～8毫米，并形成长达数米至数十米不等的念珠状卵带，漂浮在水中，有时也成块粘贴在石壁上。雄性随即排精，在水中完成受精过程。雌性产完卵后即离开洞穴，卵靠自然温度孵化。雄性则留在洞穴中负责监护，在卵周围回游和爬动，还常把身体弯曲成半圆形，将卵围住，或把卵带缠绕在身上，以防被水冲走和天敌的侵袭。孵化期为30～40天，最多也有长达80天的，随水温的不同而变化。孵出的幼体形状似蝌蚪，体长为2.8～3厘米，体重0.28～0.3克，体表的背面为浅棕红色，腹面为浅黄色，全身密布黑色素细胞小点，头稍向腹面低弯，头前的上颚吻端有一对外鼻孔，头前方背侧有一对深黑色的小眼睛，靠近前肢前面的颈部左右两边各有3根树枝状的外鳃，为呼吸器官，每根鳃枝上长着似绒毛的桃红色须状物14～15束，外鳃要待肺形成后才逐渐消失。腹部由于卵黄囊较大，腹腔呈长椭圆形的袋状，囊内积存的卵黄物质是其出生后的营养来源。作为运动器官的前后肢都尚未完整，所以在水中不能保持身体的平衡，不活动时就侧卧在水底。但尾比较发达，可以依靠尾的摆动进行不规则的运动。幼体生长缓慢，两岁以内以植物为食。大鲵的寿命较长，能活100多岁。

依靠嗅觉捕食的蝾螈

蝾螈，又称火蜥蜴，是在侏罗纪中期演化的两栖类中的一类。全世界大约有 400 多种，分属有尾目下的 10 个科，包括北螈、蝾螈、大隐鳃鲵（一种大型的水栖蝾螈）。它们大部分栖息在淡水和沼泽地区，主要是北半球的温带区域。它们一般生活在淡水和潮湿的林地之中。

蝾螈体长约 7～9 厘米，有 4 条腿，皮肤潮湿，背和体侧均呈黑色，有蜡光，腹面为朱红色，有不规则的黑斑；肛前部橘红色，后半部黑色头扁平，吻端钝圆；吻棱较明显；有唇褶；躯干部背面中央有不显著的脊沟；尾侧扁。犁骨齿两长斜行成"∧"形。四肢细长，前肢四指，后肢五趾；指、趾间无蹼。雄性肛部肥大，肛裂较大；雌性肛部呈丘状隆起，肛裂短。蝾螈都有尾巴，体形和蜥蜴相似，但体表没有鳞。它与蛙类不同，一生都长着一条长尾巴。蝾螈的视觉较差，主要依靠嗅觉捕食，以蝌蚪、蛙、小鱼、孑孓、水蚤等为食。

蝾螈属动物生活在丘陵沼泽地水坑，池塘或稻田及其附近。10 月到次年 3 月多在水域附近的土隙或石下进入冬眠。3—9 月多在山边水草丰盛的水坑或稻田内活动。底栖，爬行缓慢，很少游泳。多在水底觅食蚯蚓、软体动物、昆虫幼虫等。在寻求配偶时，雄螈经常围绕雌螈游动。时而

↑ 蝾螈

触及雌螈肛部，时而在头前，弯曲头部注视雌螈，同时将尾部向前弯曲急速抖动，如此反复多次，有的可持续数小时。当雄螈排出乳白色精包（或精子团），沉入水底黏附在附着物上时，雌螈紧随雄螈前进，恰好使泄殖腔孔触及精包的尖端，徐徐将精包的精子纳入泄殖腔内。精包膜遗留在附着物上。纳精后的雌螈非常活跃，约 1 小时后才逐渐恢复常态。雌螈纳精 1 次或数次，可多次产出受精卵，直至产卵季节终了为止。在产卵时雌螈游至水面，用后肢将水草或叶片褶合在泄殖孔部位，将卵产于其间。每次产卵多为 1 粒，产后游至水底，稍停片刻再游到水面继续产卵；一般每天产 3 ~ 4 粒，多者 27 粒，平均年产 220 余粒，最多可达 668 粒。一般经 15 ~ 25 天孵出。即将孵出的胚胎有 3 对羽状外鳃和 1 对细长的平衡枝。蝾螈是较好的实验动物和观赏动物，也能捕食水稻田中的水生昆虫。

　　蝾螈具有相当强的生命力，其自愈能力相当优异，所以有时发现个体因为机械性的外伤而断肢时，不出多久便会由伤口长出一肉芽，并逐渐发展修复成原先的状态。

　　在自然界中，蝾螈没有明显的冬眠蛰伏现象，所以一年四季都能捕到，尤其春季至秋季容易获得。这时候由于气温适宜，蝾螈在水中非常活跃，常在水底和水草下面活动，一般隔几分钟就要游出水面吸气。所以，只要在潭旁静候观察，发现蝾螈，便可立即用捞网捕捉。入冬之后，蝾螈隐伏在水底、潮湿的石窟内或石缝间，一般不蹿出水面；当水干涸或上面有薄冰时，往往伏在水草间、石块下，甚至移至陆上，伏在树洞或地面裂缝中过冬。这时候较难发现和捕获蝾螈，只好将潭水搅动，迫使蝾螈活动，乘浑水捞获。

　　蝾螈从蹿出水面吸气到下沉，一般只有 3～4 秒，因此捕捉时要眼明手快，必须掌握时机，迅速捞捕。一般可将捞网伸入水面等待，当蝾螈刚升上水面时轻轻一捞，便可捕获，放入盛水的塑料桶里。雌蝾螈产卵很有意思，先是在水中选择水草的叶片，再用后肢将叶片夹拢，反复数次，最后将扁平的叶子卷成褶，并包住泄殖腔孔，静止 3～5 分钟，受精卵即产出，包在叶内。雌蝾螈产卵后伏到水底，休息片刻又浮上来继续产卵，一般每次仅产一枚卵。野外见到粘有蝾螈卵的水草，可顺便采集，带回室内孵化。

颈部特长的蛇颈龟

　　蛇颈龟是古龟类的一科，甲壳呈圆形或心脏形。壳较厚，无腹中甲有间喉盾或下缘盾。生存于晚侏罗纪至早白垩纪。主要分布于欧洲、亚洲，我国四川等地发现发现的蛇颈龟属和天府龟属均属此类。

　　蛇颈龟生活在澳大利亚北部，由于饲养容易，繁殖也不困难，所以人工个体的数量是非常庞大的，虽然说澳洲所有的野生动物都是禁止出口的，但总会有人有办法让它们流入海外，我国就有大量的进口数量。蛇颈龟是全水性的品种，它们拥有长长的颈子，离远看的确很像一只古代的蛇颈龙。

　　蛇颈龟的背甲呈一个椭圆形，为灰黑色，颜色并不鲜艳，它受人喜欢的地方就在于它奇怪的长脖子，和它面部超级搞笑的表情。

　　蛇颈龟以特长的颈部而得名，完全肉食性且喜爱活饵。这是一种很容易驯养的龟类，只要饲养 1 ～ 2 个月就能够认得主人。同时它们也很健壮，抗病力强，极适合初学者饲养。只是因为中国台湾进口的蛇颈龟绝大部分是来自印度尼西亚新几内亚岛的野生个体，所以多半是成龟，体型较大，需用 1 米以上的水族箱饲养。

　　蛇颈龟也是完全水栖性的龟类，连冬眠或交配都是在水中完成，只

↑　蛇颈龟

有雌龟在产卵时才会上岸。如遇到旱灾河水干涸时，它们会钻入土中夏眠直到雨季来临。

　　蛇颈龟有群居的特性，约 7 ～ 10 年才算成熟。它寿命较短，约在 30 年雌龟大于雄龟，每窝可下 7 ～ 24 颗蛋，需 180 天孵化。蛇颈龟也属于侧颈龟类，有许多不同的种类。

能吃掉美洲狮的蟒蛇

我们有时会从电视播放的外国杂技节目中看到，一位美丽的姑娘身上缠着几条可怕的大蛇在玩耍。那些大蛇就是蟒蛇，也叫蚺蛇，体型巨大，我国最大的蟒蛇长7米，重60千克。蟒蛇没有毒，不像毒蛇

↑　蟒蛇

那样，先用毒牙流出的毒液毒死猎物再吃掉，而蟒蛇是先咬住猎物，再用它那巨大的身躯缠住猎物，不断地用力，直到把猎物勒死，最后不紧不慢地吞下去。像毒蛇一样，它的头部连接到下颚左右两边的骨头是活动的，另外下颚肌肉像橡皮筋那样能左右张开，所以它的嘴张得很大，这样就使它能吞下比自己的头大好几倍的动物，在南美洲的丛林里，巨大的蟒蛇甚至能吃掉凶恶的美洲狮。

由孵卵温度决定性别的鳄卵

鳄是爬行类动物，和龟类、蛇类一样，都是先生卵，再由卵孵化出小动物来。

鳄的卵是不是在孵化之前就已经有雌雄之分呢？就是说雌卵孵出雌鳄，雄卵孵出雄鳄呢？

科学家通过实验证明，决定鳄卵性别的不是卵的内在因素，而是由孵卵温度决定的。

鳄孵卵是很有趣的，母鳄将卵产在预先挖好的泥坑里，上面盖上泥土和树叶。母鳄不孵卵，鳄卵是靠树叶腐败发酵产生的热量来孵化的。母鳄守在泥坑边上，公鳄守在外围。孵化 3 个月左右，小鳄就破壳而出了。母鳄听到小鳄发出轻微叫声时，就会将泥坑上面的覆盖物扒开，让小鳄从坑里爬出来。

孵化出的幼鳄是雄性还是雌性呢？这就看孵化温度了。如果孵化温度在 34℃ 以上时，孵出来的全是雄鳄；孵化温度在 30℃ 以下时，就都是雌鳄；如果温度在 30℃ ~ 34℃ 之间，那么根据受热的程度，有的是雄性，有的是雌性。

龟类、蛇类及蜥蜴类爬行动物，和鳄类一样，也是由孵化温度决定

↑　鳄卵孵化出的小鳄

性别的。

　　既然知道鳄类的性别是由外界因素——孵化温度决定的，那还有什么谜呢？问题是鳄没有性染色体，而由爬行动物进化成的鸟类、哺乳类却有性染色体，并由性染色体决定性别。那么这种性染色体是怎么进化来的呢？到目前为止，可以说还一无所知。

昆虫的飞行能力

昆虫为了生存和繁衍后代，其迁移飞行能力是十分惊人的，如每年在南方越冬后孵化的黏虫，可以成群飞越大海，到 1488 千米外的北方去觅食；小地老虎能飞行 1328 ~ 1818 千米；稻纵卷叶螟能飞行 700 ~ 1300 千米；褐飞虱能飞行 200 ~ 600 千米；白背飞虱能飞行 300 多千米；蜜蜂也是健飞的昆虫，能持续飞行 10 ~ 20 千米。蜻蜓和某些天蛾、螽斯也能够持续飞行数百千米而不着陆。迁移最远的昆虫是苎麻赤蛱蝶，从北非到冰岛，有 6436 千米之遥。

昆虫的飞行速度也是相当可观的。一般翅型狭长、转动幅度较大的种类飞行较快。昆虫的飞行速度主要取决于震翅频率。昆虫高频率的振翅，着实令人难以想象，如蜜蜂可达 180 ~ 203 次 / 秒，频率最高的摇蚊可达 1000 次 / 秒左右，就连频率较低的凤蝶也有 5 ~ 9 次 / 秒，是其他动物所望尘莫及的。昆虫飞行时速差别较大，飞行较慢的家蝇，仅为 8 千米；蚊虫在缺水的地方为了产卵，也可飞几千米；蝶类和蜂类约为 20 千米；蜻蜓、牛虻可达 40 多千米。飞行最快的是天蛾，最高时速可达 53.6 千米。

昆虫的群飞也是它们的一大绝技，无论池塘岸边的蚊群、蜉蝣的群

↑ 蜜蜂

飞，还是令人恐惧的蛰蜂群袭来；无论是蜻蜓空中优美的群舞，还是蝗群铺天盖地的蔽日阴霾，都各有特色。例如蜻蜓的群飞往往少则三五成群，多则成千上万地群集飞翔，上下起伏、快慢有别、错落有致、你追我赶。甚至会空中翻转，十分壮观。它们能以 30 ～ 50 次／秒的振翅速度，以每小时 10 ～ 20 米的高速飞行，有时可飞行数百千米。昆虫群飞个体数量最多的可能要数飞蝗了，例如非洲的沙漠蝗群飞时，飞行面积可覆盖500 ～ 1200 公顷，个体数高达 7 亿～ 20 多亿，实在令人惊愕不已。

昆虫的光通讯方式

　　身体渺小的昆虫能巧妙地利用闪光（灯语）进行通讯联络，萤火虫是这种通讯方式的代表。夏日黄昏，山涧草丛，灌木林间，常见有一盏盏悬挂在空中的小灯，像是与繁星争露，又像是对对情侣提灯夜游。如果你用小网，把"小灯"罩住，便会看到它是一种身披硬壳的小甲虫。由于它的腹部末端能发出点点荧光，人们给它起了个形象的名字——萤火虫。

　　萤火虫在昆虫大家族中属于鞘翅目，萤科。它们的远房或近亲约有2000种。萤火虫是一种神奇而又美丽的昆虫。修长略扁的身体上带有蓝绿色光泽，头上一对带有小齿的触角分为11个小节，3对纤细、善于爬行的足。雄的翅鞘发达，后翅像把扇面，平时折叠在前翅下，只有飞时才伸展开；雌的翅短或无翅。萤火虫的一生，经过卵、幼虫、蛹、成虫4个完全不同的虫态，属完全变态类昆虫。

　　萤火虫为什么会发光呢？原来在它腹部末端的皮肤下面有一层黄色粉末。把这一层切下来放在显微镜下，便可见到数以千计的发光细胞，再下面是反光层，在发光细胞周围密布着小气管和密密麻麻的纤细神经分支。发光细胞中的主要物质是荧光素和荧光酶。当萤火虫开始活动时，呼吸加快，体内吸进大量氧气，氧气通过小气管进入发光细胞，荧光素在细胞内与起着催化剂作用的荧光酶互相作用时，荧光素就会活化，产生生物氧化反应，导致萤火虫的腹下发出碧莹莹的光亮来。又由于萤火虫不同的呼吸节律，便形成时明时暗的"闪光信号"。当你把许多的萤火虫放在一只玻璃瓶里，玻璃瓶就像一只通了电的灯泡，它会发出均匀的光来。

不同种类的萤火虫，闪光的节律变化并不完全一样。一种生长在美国的萤火虫，雄虫先有节律地发出闪光来，雌虫见到这种光信号后，才准确地闪光两秒钟，雄虫看到同种的光信号，就靠近它结为情侣。人们曾实验，在雌虫发光结束时，用人工发出两秒钟的闪光，雄虫也会被引诱过来。另有一种萤火虫，雌虫能以准确的时间间隔，发出"亮—灭，亮—灭"的信号来，雄虫收到用灯语表达的"悄悄话"后，立刻发出"亮—灭，亮—灭"的灯语作为回答。信息一经沟通，它们便飞到一起共度良宵。

有一种萤火虫，雄虫之间为争夺伴侣，要有一场激烈的竞争。它们还能发出模仿雌虫的假信号，把别的雄虫引开，好独占"娇娘"。

萤火虫能用灯语对讲的秘密，最早是由美国佛罗里达大学的动物学家劳德埃博士发现的。他用了整整18年的时间研究萤火虫的发光现象。可见揭开一项前人未知的奥秘并非易事。

除萤火虫外，还有许多昆虫，它们只有在夕阳西下，夜幕降临后才飞行于花间，一面采蜜，一面为植物授粉。漆黑的夜晚，它们能顺利地找到花朵，这也是"闪光语言"的功劳。夜行昆虫在空中飞翔时，由于翅膀的振动，不断与空气摩擦，产生热能，发出紫外光来向花朵"问路"，花朵因紫外光的照射，激起暗淡的"夜光"回波，发出热情的"邀请"；昆虫身上的特殊构造接收到花朵"夜光"的回波，就会顾波飞去，为花传粉做媒，使其结果，传递后代。这样，昆虫的灯语也为大自然的繁荣作出了贡献。因此，夜行昆虫大多有趋光性，"飞蛾扑火"就是这一习性的真实写照。

成群活动的蝗虫

蝗虫是群居型的短角蚱蜢，是蝗科，直翅目昆虫。全世界有超过10000种。分布于全世界的热带、温带的草地和沙漠地区。其散居型有蚱蜢、草蜢、草螟、蚂蚱等叫法。蝗虫的起源，以及其某些种（有些可以长达15厘米）的灭绝，至今仍不明了。幼虫能跳跃，成虫可以飞行。大多以植物为食物。不过，蝗虫是蚂蚱的进化，蚂蚱只有褐色和绿色的，蝗虫却是褐色的。

蝗虫数量极多，生命力顽强，能栖息在各种场所，在山区、森林、低洼地区、半干旱区、草原分布最多，植食性，大多数是作物的重要害虫。在严重干旱时可能会大量爆发，对自然界和人类形成灾害。

说起蝗虫，人们便会联想到铺天盖地的蝗群。1889年，在红海上空出现了有史以来最大的蝗群，估计有2500亿只，飞行时犹如一大片有生命的乌云，挡住了阳光，使大地一片昏暗。的确，蝗虫不管是在天空中飞翔，或在地面栖息，总是保持着合群性，这是它们的生活习性和环境影响的结果。

蝗虫喜欢成群活动，与它们的产卵习性有很大关系。当雌蝗产卵时，它们对产卵场所有比较严格的选择，一般以土质坚硬，并含有相当湿度，

← 蝗虫

有阳光直接照射的环境最为适宜。在广阔的田野里，能符合这种条件的地区比较少，因此，它们往往在一个面积不太大的范围内，大批地集中产卵，再加上这小区域里的温湿度差异很小，使卵孵化整齐划一，以至蝗虫的幼虫一开始就形成了互相靠拢、互相跟随的生活习性。

蝗虫所以要成群生活，也与它们生理上的需要有关。它们需要较高的体温，以促进和适应生理机能的活跃。因此，它们必须一方面集群而居，彼此紧密相依，互相拥挤，以维持体内温度，使热量不易散失；另一方面，又要从环境里不断获得热的补充，使体温继续增加，加强生理活动。

既然成群活动的蝗虫，都有这一共同生理特点，所以在它们结队飞行之前，只要有少数先在空中盘旋，很快会被地面上的蝗虫所感应，并群起响应，这样，它们的队伍会迅速地形成，并且数量也越来越大了。蝗虫还具有惊人的飞翔能力，可连续飞行 1～3 天。蝗虫飞过时，群蝗振翅的声音响得惊人，就像海洋中的暴风呼啸。

味觉感受器在脚上的苍蝇

我们人类的味觉感受器是味蕾，主要分布在舌背，特别是舌尖和舌的周围。

而苍蝇的味觉的感受器在脚上，也就是说，我们人类要尝味道的话，需要把食物放入嘴里，

↑　苍蝇

但是苍蝇却用脚沾一沾，就可以尝到味道了。

所以苍蝇停下来的时候，会不断地用脚四处沾沾，尝到味道后，又搓一搓，搓去前足味觉器上的脏东西，目的是为了把味觉感受器清理干净，把旧的味道除去，然后再沾一沾，再尝新的味道。难怪我们看到的苍蝇停下来后，总是走来走去又一边走一边搓脚，没想到他正在四处品味呢！

粘虫是绿色植物的杀手

　　粘虫是害虫阵营中的一员大将,属鳞翅目夜蛾科。粘虫蛾子像飞蝗一样,能成群结队远距离迁飞,它们飞行速度很快,每小时可飞行 40 千米～80千米,并可不停顿地连续飞行七八个小时,飞行高度约 200 米。如果这群飞蛾在某个地区停下来产卵的话,那么那个地方粘虫就会大发生。由于粘虫蛾是夜间飞行而白天隐蔽,很不易被人发觉;所以能发现幼虫危害时已经是相当惊人了,人们因此称它们是暴发性的害虫。幼虫把一处庄稼吃光后又成群结队地迁移他处,速度快而又行动一致,就像军队行军一样,所以人们又叫它为"行军虫"。我国各地遭受此虫危害是很严重的。

　　1970 年云南省粘虫大发生,有的地方一个人一早上可捕捉幼虫两三挑。发生数量一亩地多至 20 多万头,仅宜良一个县捕捉到的幼虫即达270 多万吨。人们在田埂上望去,只见黑压压一大片,嚓嚓之声令人毛骨悚然。随着栽培制度的改变,粘虫发生显著加重,发生面积不断扩大。1970—1978 年全国共有 6 次大发生,1977 年全国粘虫发生面积达 1.8 亿亩。

　　多年来,有关的科学研究单位密切协作,通过标记回收,海面捕蛾以及对各地粘虫发生规律的分析研究,基本明确其越冬及远距离季节性地南北往返迁飞危害的规律,为进一步提高预报和防治提供了科学依据。

万里迁徙越冬的美洲王蝶

　　每年秋季，成千上万只美洲王蝶不远万里从位于美国和加拿大边境的夏季栖息地来到墨西哥中部米却肯州的蝴蝶谷过冬。它们在近 4000 千米的迁徙旅途中靠什么辨别目的地的方位呢？美国科学家通过实验发现，精确的生物钟与太阳相互作用，引领王蝶前往越冬地。

　　很多生物都会根据所处环境太阳光照的周期形成固定的节律，也就是人们所说的生物钟。光照周期出现变化，生物就会对自己的生物钟进行重置或调节以适应。最典型的例子就是跨时区飞行造成的时差现象。对于人类或其他动物来说，生物钟更多具有时间上的意义，但对于美洲王蝶，生物钟则是个微调飞行方向的空间参数。

　　美洲王蝶的幼虫通常会在早晨日出时钻出蛹壳，研究人员用灯光代替日光长时间照射蝶蛹，结果发现王蝶幼虫的生命节律完全被打乱，它们会选择一天中任意时间钻出来，从而证明王蝶体内存在与日光照射对应的生物钟机制。

　　接下来的实验是在 9 月份王蝶南迁前夕进行的。研究人员在实验室内构建了 3 个光照周期不同的箱子。一个按照当地正常时间照明，即上午 7 点至下午 7 点。一个将光照时间提前 6 小时，即凌晨 1 点至下午 1 点；

最后一个箱子持续给光。捕获的王蝶在这3个箱子里生活一周直到适应新的"时差"为止。

实验结果正如研究人员预料，不同"时区"的王蝶早晨放到户外后飞行方向完全不同：正常光照下的王蝶朝墨西哥所在的西南方向飞行；白天被"提前"6小时的王蝶朝东南方向飞行，与正常迁徙方向呈115°角；受持续光照的王蝶则完全丧失了方向感。研究人员认为，尽管生物钟被提前6小时的王蝶仍在上午被放飞，但在它们概念中"上午"成了"下午"，尽管太阳仍在东方，但它们生物钟所指示的太阳方位却在西方，生物钟的改变导致了参照系的改变，从而使王蝶的导航机制失灵。

美国堪萨斯大学昆虫学家奥利·泰勒解释，美洲王蝶体内存在一个与太阳位置精确对应的生物钟，尽管人们知道王蝶可以通过计算自己与太阳的相对位置来辨别方向，但是如果没有生物钟补偿太阳运动所造成的飞行方向误差，太阳便是个不可靠的标志物。换句话说，一只生物钟正常的王蝶要想朝墨西哥所在的西南方向飞行，需要通过生物钟不断调节与太阳的相对位置，这也是为什么生物钟被提前6小时后王蝶不能正确调整飞行方向的原因。

← 美洲王蝶

蜜蜂如何判断距离

科学家发现，蜜蜂可能无法直接判断距离，而是通过自己飞过了多少景物来估算。如果对这一"导航系统"加以干扰，蜜蜂就会判断失误，并通过舞蹈把错误的距离信息告诉同伴。

美国印第安那州圣母大学的科学家发现蜜蜂是通过"光流"来判断距离的。光流是指观察者的位置发生变化时，周围景物显示出的移动量。景物离观测者越近，其光流就越大，譬如火车上的乘客会感觉路边的树木移动得比远处的山要快。

科学家训练了一些蜜蜂，使它们飞过一条 8 米长的管道找到食物。由于管壁与蜜蜂的距离比平时觅食过程中的景物近得多，产生的光流也大得多。观察发现，这些飞过管道的蜜蜂返回蜂巢后，传达出的信息是食物大约在 72 米外，而不是实际的 8 米，大大夸大了实际距离。其他蜜蜂根据这一信息飞往食物所在方向时，如果不通过管道而是在普通环境中飞行，就会飞出 70 多米远。

科学家据此得出结论说，蜜蜂并不能直接判断距离远近，而是通过计算在该方向上飞过了多少景物来判断。

Part4
植物世界

温度影响植物生长

　　植物只有在一定的温度范围内才能够生长。温度对植物的生长影响是综合的，它既可以通过影响光合、呼吸、蒸腾等代谢过程，也可以通过影响有机物的合成和运输等代谢过程来影响植物的生长，还可以直接影响土温、气温，通过影响水肥的吸收和输导来影响植物的生长。由于参与代谢活动的酶的活性在不同温度下有不同的表现，所以温度对植物生长的影响也具有最低、最适和最高温度三基点。植物只能在最低温度与最高温度范围内生长。虽然生长的最适温度，就是指生长最快的温度，但这并不是植物生长最健壮的温度。因为在最适温度下，植物体内的有机物消耗过多，植株反倒长得细长柔弱。因此在生产实践上培育健壮植株，常常要求低于最适温度的温度，这个温度称协调的最适温度。

　　不同植物生长的温度三基点不同。这与植物的原产地气候条件有关。原产热带或亚热带的植物，温度三基点偏高，分别为 10℃、30℃～35℃、45℃；原产温带的植物，温度三基点偏低，分别为 5℃、25℃～30℃、35℃～40℃；原产寒带的植物生长的温度三基点更低，北极的或高山上的植物可在 0℃ 或 0℃ 以下的温度生长，最适温度一般很少超过 10℃。

同一植物的温度三基点还随器官和生育期而异。一般根生长的温度三基点比芽的低。例如苹果根系生长的最低温度为 10℃，最适温度为 13℃～26℃，最高温度为 28℃。而地上部分的均高于此温度。在棉花生长的不同生育期，最适温度也不相同，初生根和下胚轴伸长的最适温度在种子萌发时为 33℃，但几天后根下降为 27℃，而下胚轴伸长上升为 36℃。多数一年生植物，从生长初期经开花到结实这 3 个阶段中，生长最适温度是逐渐上升的，这种要求正好同从春到早秋的温度变化相适应。播种太晚会使幼苗过于旺长而衰弱，同样如果夏季温度不够高，也会影响生长而延迟成熟。

人工气候室的实验资料证明，在白天温度较高，夜晚温度较低的周期变化中，植物的营养生长最好。如番茄植株在日温为 26℃、夜温为 20℃ 的昼高夜低的温差下，比昼夜 25℃ 恒温条件下生长得更快。在自然条件下，也具有日温较高和夜温较低的周期变化。植物对这种昼夜温度周期性变化的反应，称为生长的温周期现象。

日温较高夜温较低能促进植物营养生长的原因，主要是白天温度较高，在强光下有利于光合速率的提高，为生长提供了充分的物质；夜温降低，可减少呼吸作用对有机物的消耗。此外，较低的夜温有利于根的生长和细胞分裂素的合成，因而也提高了整株植物的生长速率。在温室或大棚栽培中，要注意改变昼夜温度，使植物在自然条件下，水分、矿质、光照、温度等因素对植物生长的影响是交叉、综合的影响。首先各环境因子之间有相互影响。例如阴雨天、光照暗淡、气温下降、土壤水分增加、土壤通气不良等反应会连锁地发生，影响植物生长。其次各环境因子作用于植物体，又与生命活动是密切相关的，它们还会相互影响。例如光照促进光合，光合会影响蒸腾，蒸腾又会影响水分的供应。它们彼此之间既有相互促进又有相互制约。在农业生产上，要注意各种环境条件对生长的个别生理活动的特殊作用，又要运用一分为二的观点，抓住主要矛盾，采取合理措施，才能适当地促进和抑制植物的生长，达到栽培的目的。

"断肠草"会断肠吗

据文献记载，神农尝百草，就是因为误尝断肠草而死。其实，此断肠草又名"钩吻"，还称胡蔓藤、大茶药、山砒霜、烂肠草等。它全身有毒，尤其根、叶毒性最大。此断肠草主要分布在浙江、

↑ 断肠草

福建、湖南、广东、广西、贵州、云南等省份，它喜欢生长在向阳的地方。

人常常将钩吻误认为金银花而误食。其实，金银花黄白相间，而且花比钩吻花要长得多。如果在这些地方看到类似的植物就一定要注意了，以防误食，因为误食钩吻而中毒的案例已经不在少数。

很早以前，断肠草就已经被人们认识并应用。李时珍《本草纲目》记载："断肠草"人误食其叶者死。李时珍所说的"断肠草"就是"钩吻"。

"钩吻"毒素的作用机理主要表现在抗炎症、镇痛等方面，"钩吻"毒素有显著的镇痛作用和加强催眠的作用。目前，"钩吻"的药用价值已在我国许多领域广泛应用。"钩吻"的成分对于治疗顽癣、疮肿毒、

疥癣都一定疗效。

在传统的中医药里面，有很多异物同名的现象存在。在古代，人们往往把服用以后能对人体产生胃肠道强烈毒副反应的草药都叫做断肠草，据有资料可以查到的，断肠草至少是 10 个以上中药材或植物的名称，而非专指某一种药。

雷公藤原植物属于卫矛科，其毒性是比较大的，如误服雷公藤嫩芽、叶、茎等也都会中毒。其表现也为恶心、呕吐、腹痛、腹泻，还会导致对消化道、心血管、神经系统及泌尿系统的直接损伤。

此外，人们所熟知的中药，毛茛科的乌头、瑞香科狼毒、大戟科的大戟等，在古代都因其具有明显的毒性而有"断肠草"的名称，其原植物或生药材若不加以严格的科学炮制，而直接内服的话，也都有可能导致人的生命危险。

2005 年底，广东省韶关市曲江区某职业学院的 3 名学生在登山途中采摘回一丛鲜嫩的"金银花"。回到宿舍后，便将采来的"金银花"用滚烫的开水泡水喝，并邀请舍友同学一起品尝。不料 10 多分钟后，9 名服用"金银花"水的学生接连出现中毒症状，虽及时送到医院抢救，但仍有一人于当晚死亡，经初步检验，误食的"金银花"实为剧毒断肠草。

专家介绍，一般情况下，误服钩吻后，10 分钟内就会表现有恶心、呕吐的症状，半个小时后就开始出现腹痛、抽筋、眩晕、言语含糊不清、呼吸衰竭、昏迷等症状。一旦发现类似情况，就应及时就诊，如果时间紧迫，可以先给误服钩吻者灌一些鹅血、鸭血、羊血，这在临床上已经证明有一定的疗效。

目前对于钩吻中毒的治疗还没有什么特效疗法，只有一些常规的洗胃、导泻、利尿、活性炭吸附毒物等方法。误食断肠草可能会导致肠子粘连，腹痛不止，至于断肠草断肠的说法毕竟还是传说。

水生植物如何呼吸

　　水环境与陆地环境迥然不同。水环境具有流动性、温度变化平缓、光照强度弱、含氧量少等特点。水生植物在长期演化过程中，形成了许多与水环境相适应的形态结构，因而能够繁衍自己，并在整个植物类群中占据着一定的位置。

　　在水生植物新的或是旧的根内部，通常都会有纵向的细胞空隙，称为通气组织，通气组织可在根、匍匐根、茎或是叶柄中都可出现。通气组织可分为两种：一种借由分开皮层或是周皮间的细胞，来增加空隙；另一种借由溶解部分的细胞而形成的通气组织。各种植物的通气组织不尽相同，有其特定的分类方式。

　　水环境的光照强度微弱，所以水生植物的叶片通常较薄，有的叶片细裂如丝或是呈线状；有的呈带状；有的叶子宽大呈透明状，叶绿体不仅分布在叶肉细胞中，还分布在表皮的细胞内，并且叶绿体能够随着原生质的流动而向迎光面，这样就可以有效地利用水中的微弱光照进行光合作用。

　　水生植物体细胞间隙很大，巨大的空腔构成连贯的系统并充满空气，既可供应生命活动需要，又能调节浮力。

树木长寿之谜

　　一些古树活到成千上万年。它们为什么能这样长寿呢？原来树木有推迟衰老的特殊本领：自己能让全身所有的活细胞一批批地彻底更新，而且更新（细胞分裂）的次数无限。由于其机体的结构特殊（便于细胞生、死、弃）和不断地进行彻底更新，因此树木的机体能够保持有条不紊，这样就使得树木不易衰老，有可能活到千年、万年。别的动、植物个体只能让体内部分的活细胞更新（不彻底的更新），或者根本不更新，因此它们的寿命被体内不作更新的细胞的寿命限制住了——最多活二三百岁。

　　那么树木全身所有的活细胞是怎样一批一批地彻底更新并让机体保持有条不紊的呢？

　　树皮茎里一层是形成层，它不断分别向外和向内分裂出两种新细胞。向外生长出来的是新的韧皮部细胞，韧皮部是树皮的内层，由活细胞组成，内含运输有机养料的筛管。过一段岁月，衰亡了的韧皮部细胞被向外顶，死细胞（只剩下细胞壁）组成树皮外层——保护组织。树皮最外层被遗弃，慢慢剥落或烂掉。由于树干的加粗，树皮外层逐渐被胀裂开，裂成许多竖的和斜的裂口，树干内的活细胞通过这些裂口（皮孔）跟外界交换气体。树干内所有的活细胞（包括木质部的活细胞）围成了比树干稍细的活细胞管状层。它们只能生长在紧靠树皮外层的位置。不管树干有多么粗，活细胞管状层也不允许太厚，否则内层的活细胞会无法跟外界交换气体。

形成层向内，生长出新的木质部细胞，每年使年轮增加一圈。木质部衰老而死亡了的细胞，变化成上下相通的导管和管胞，输送水分和无机盐，并且起支撑作用。树干中间（都是可以遗弃的死细胞）即使被蛀空、烂空（但必须保留着足够的形成层和木质部），树木也能正常地活下去，这种空心古树很多。如美国加州莱顿维尔的树屋公园里，有一棵著名的巨大的红杉树，树龄4000多年，树干的空树肚内已被布置成面积约为52.7平方米的活树层。

许多空心古树（其中有些是抑菌杀虫力强的空心古树，如樟树、红杉树等也会空心）的存在，说明了各种树木的树心部分可以遗弃。被遗弃的木质部，若未糟朽，则对树体有益；若糟朽得过多并且未去除，则对树体有害。

树干内，由形成层开始，向内和向外，一圈圈细胞分生、成长、衰老、死亡、遗弃。向内和向外，可分为生、死、弃3个细胞层（死细胞层和弃的细胞层之间无分界面）。生细胞层和死细胞层各行其职。每一个细胞逐步生、死、弃，逐步远离形成层。形成层渐渐向外围方向扩大——渐渐迁移到新的位置。由于树干内部各层细胞、各个组织生长、安排得如此合理，因此即使树木活到10000岁，树干内各个组织也始终规则而有序，始终有足够的通畅的输导管。

树根和树干一样，也有形成层和内外两个方向生、死、弃的结构，也有筛管和导管（或管胞）。根的横切面同样有年轮，也逐渐加粗。因此树根和树干一样，它们的活细胞同样能够有条不紊地一代一代地彻底更新。

不言而喻，茎的分枝、小茎、小根和树干是同样的结构，所以这些部分的活细胞，同样能够不断地彻底更新；而且老的老了，还可以另外长出新的小根、小茎。树叶、花、根毛等部分，都是老的死了，另长新的，它们比树干还容易进行彻底更新。总之，树木全身各个器官（包括根、茎、叶、花等）的活细胞都能够一批批重生、一批批彻底地死和弃，因而各种树木的寿命特别漫长。

Part 5
微生物与菌类植物

大肠杆菌与人体健康

　　革兰氏阴性短杆菌，大小0.5×1～3微米。周身鞭毛，能运动，无芽孢，能发酵多种糖类产酸、产气，是人和动物肠道中的正常栖居菌，婴儿出生后即随哺乳进入肠道，与人终身相伴，其代谢活动能抑制肠道内分解蛋白质的微生物生长，减少蛋白质分解产物对人体的危害，还能合成维生素B和K，以及有杀菌作用的大肠杆菌素，正常栖居条件下不致病。但若进入胆囊、膀胱等处可引起炎症，在肠道中大量繁殖，几乎占粪便干重的1/3，兼性厌氧菌。在环境卫生不良的情况下，常随粪便散布在周围环境中。若在水和食品中检出此菌，可认为是被粪便污染的指标，从而可能有肠道病原菌的存在。因此，大肠菌群数（或大肠菌值）常作为饮水和食物（或药物）的卫生学标准。（国家规定，每升饮用水中大肠杆菌数不应超过3个。）

　　大肠杆菌的抗原成分复杂，可分为菌体抗原（O）、鞭毛抗原（H）和表面抗原（K），后者有抗机体吞噬和抗补体的能力。根据菌体抗原的不同，可将大肠杆菌分为150多型，其中有16个血清型为致病性大肠杆菌，常引起流行性婴儿腹泻和成人肋膜炎。

　　大肠杆菌是人和许多动物肠道中最主要且数量最多的一种细菌，主要寄生在大肠内。它侵入人体一些部位时，可引起感染，如腹膜炎、胆囊炎、膀胱炎及腹泻等。人在感染大肠杆菌后的症状为胃痛、呕吐、腹泻和发热。感染可能是致命性的，尤其是对孩子及老人。大肠杆菌能够导致以下这些疾病：

1. 肠道外感染

多为内源性感染，以泌尿系感染为主，如尿道炎、膀胱炎、肾盂肾炎。也可引起腹膜炎、胆囊炎、阑尾炎等。婴儿、年老体弱、慢性消耗性疾病、大面积烧伤患者，大肠杆菌可侵入血流，引起败血症。早产儿，尤其是生后 30 天内的新生儿，易患大肠杆菌性脑膜炎。

2. 急性腹泻

某些血清型大肠杆菌能引起人类腹泻。其中肠产毒性大肠杆菌会引起婴幼儿和旅游者腹泻，出现轻度水泻，也可呈严重的霍乱样症状。腹泻常为自限性，一般 2 ～ 3 天即愈，营养不良者可达数周，也可反复发作。肠致病性大肠杆菌是婴儿腹泻的主要病原菌，有高度传染性，严重者可致死。细菌侵入肠道后，主要在十二指肠、空肠和回肠上段大量繁殖。此外，肠出血性大肠杆菌会引起散发性或暴发性出血性结肠炎，可产生志贺氏毒素样细胞毒素。患者可能出现各种症状，包括严重的水泻、带血腹泻、发烧、腹绞痛及呕吐。情况严重时，更可能并发急性肾病。5 岁以下的儿童出现并发症的风险较高。若治疗不当，可能会致命。

该种疾病可通过饮用受污染的水或进食未熟透的食物（特别是免治牛肉、汉堡扒及烤牛肉）而感染。饮用或进食未经消毒的奶类、芝士、蔬菜、果汁及乳酪而染病的个案亦有发现。此外，若个人卫生欠佳，亦可能会通过人传人的途径，或经进食受粪便污染的食物而感染该种病菌。大肠杆菌如何预防呢？预防大肠杆菌感染的方法有以下几点：

（1）保持地方及厨房器皿清洁，并把垃圾妥为弃置。

（2）保持双手清洁，经常修剪指甲。

（3）进食或处理食物前，应用肥皂及清水洗净双手，如厕或更换尿片后亦应洗手。

（4）食水应采用自来水，并最好煮沸后才饮用。

（5）应从可靠的地方购买新鲜食物，不要光顾无牌小贩。

（6）避免进食高危食物，例如未经低温消毒法处理的牛奶，以及未熟透的汉堡、碎牛肉和其他肉类食品。

（7）烹调食物时，应穿清洁、可洗涤的围裙，并戴上帽子。

（8）食物应彻底清洗。

（9）易腐坏食物应用盖盖好，存放于雪柜中。

（10）生的食物及熟食，尤其是牛肉及牛的内脏，应分开处理和存放（雪柜上层存放熟食，下层存放生的食物），避免交叉污染。

（11）雪柜应定期清洁和融雪，温度应保持于4℃或以下。

（12）若食物的所有部分均加热至75℃，便可消灭大肠杆菌O157:H7；因此，碎牛肉及汉堡应彻底煮至75℃达2～3分钟，直至煮熟的肉完全转为褐色，而肉汁亦变得清澈。

（13）不要徒手处理熟食；如有需要，应戴上手套。

（14）食物煮熟后应尽快食用。

（15）如有需要保留吃剩的熟食，应该加以冷藏，并尽快食用。食用前应彻底翻热。变质的食物应该弃掉。

引起脚气的真菌

　　脚气是足癣的俗名。有的人把"脚气"和"脚气病"混为一谈，这是不对的。医学上的"脚气病"是因维生素 B 缺乏引起的全身性疾病，而"脚气"则是由真菌（又称毒菌）感染所引起的一种常见皮肤病。洗脚盆及擦脚毛巾应分别使用以免传染他人。足癣如不及时治疗，有时可传染至其他部位，如引起手癣和甲癣等，有时因为痒被抓破，继发细菌感染，会引起严重的并发症。

　　日常生活注意：1. 穿通风、透气的棉质袜，每天更换清洗。2. 避免穿胶鞋或不透气之球鞋，最好要有两双鞋换穿，凉鞋是最好的选择。3. 不与他人共穿鞋、拖鞋及袜子。4. 脚底、趾间痒尽量不要用手抓，防传染于手指。5. 治疗勿自动停药，通常应在自觉好了后，继续用药数周，最好是能作霉菌检查及培养，连续 3 星期都是阴性才算治愈。

　　听到许多脚气患者抱怨，得了脚气后，治了几次都不能痊愈，总是过一段时间就会复发。脚气之所以会反复发作，主要有 4 点原因：第一点：真菌很难被杀灭，在零下 6℃ 左右的环境里能长期存活；在 120℃ 的高温中，10 分钟内不会死亡；在脱离活体的毛发、指（趾）甲、皮屑等上面，毒性还可以保持 1 年以上。

第二点：有些脚气患者使用抑制真菌的药物治疗，当症状稍有好转后便停止用药，其实真菌并没有被彻底杀灭，过一段时间又会"卷土重来"，造成"复发"。

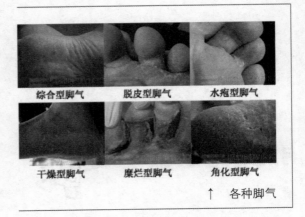

综合型脚气　脱皮型脚气　水疱型脚气

干燥型脚气　糜烂型脚气　角化型脚气

↑　各种脚气

第三点：一些患者在治愈后，由于不注意，与其他脚气患者共用拖鞋、盆、毛巾等物品，或是在游泳池等特定场合又接触了真菌，就可能又得脚气，这叫做"再感染"。

第四点：有些患者得病后不去正规医院皮肤科就诊，自己买点消炎药涂上了事，这样做虽然可以暂时止痒，造成疾病好转的假象，但没有抗真菌效果，病菌不能被杀死，反而会更加猖獗，还会干扰甚至阻止局部免疫反应。

引起结核病的结核杆菌

　　结核杆菌结核分枝杆菌，俗称结核杆菌，是引起结核病的病原菌。可侵犯全身各器官，但以肺结核为最多见。结核病至今仍为重要的传染病。估计世界人口中 1/3 感染结核分枝杆菌。据 WHO 报道，每年约有800万新病例发生，至少有 300 万人死于该病。新中国成立前死亡率达200人 /10 万人～ 300 人 /10 万人，居各种疾病死亡原因之首。新中国成立后人民生活水平提高，卫生状态改善，特别是开展了群防群治，儿童普遍接种卡介苗，结核病的发病率和死亡率大为降低。但应注意，世界上有些地区因艾滋病、吸毒、免疫抑制剂的应用、酗酒和贫困等原因，发病率又有上升趋势。

　　目前，全世界每天有 8000 人死于与结核病相关的疾病，结核病感染者达 20 亿，占全球人口的 1/3，现有活动性肺结核病人 2000 万，每年新发结核病人 800 万～ 1000 万，每年有 300 万人死于肺结核。

　　常见的肺结核病的一些类型具有传染性，如痰中已查出结核杆菌的肺结核病人具有传染性。其传播有两个常见途径：咳嗽和尘埃。在肺结核病变中，尤其是空洞中存在大量繁殖的结核菌。这些结核菌随着被破坏的肺组织和痰液，通过细支气管、支气管、大气管排出体外。含有大

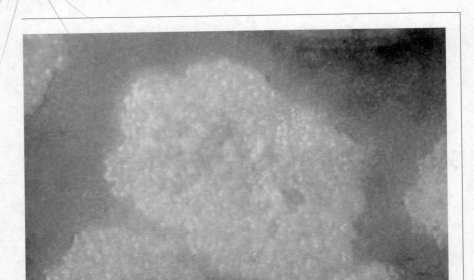

↑ 结核杆菌菌落

量结核菌的痰液，通过咳嗽、打喷嚏、大声说话等方式经鼻腔和口腔喷出，在空气中形成气雾（或称为飞沫），较大的飞沫很快落在地面，而较小的飞沫很快蒸发成为含有结核菌的极微小的飘浮物——微滴核，长时间悬浮在空气中。如果空气不流通，含菌的微滴核就会被健康人吸入肺泡，就可能引起感染。而感染的量和是否发病，则与传染源排菌量的多少、咳嗽的频度、居住房子的通风情况、与病人接触的密切程度及自身抵抗力有关。这是最主要的传播方式。排菌病人的痰液吐在地上，干燥后与尘埃一起被风吹起，被人吸入后也可能导致感染，这是次要的传播方式。

军团杆菌及其预防

　　被称为现代社会"文明病"病的可致命细菌——"军团菌"，就是不为人们所了解的肺部感染疾病。1976 年，美国退伍军人协会在费城一家旅馆参加年会后一个月，与会代表和附近居民中有 221 人得了一种酷似肺炎的怪病，其中 34 人相继死亡，病死率达 15%，震惊美国医学界。直到 1977 年才发现致病原凶——嗜肺军团菌。据世界卫生组织的资料表明，军团病呈世界性分布，一年四季都有。从本病发现至今，全球已发生 50 起暴发流行，应引起人们的高度重视。根据上海市疾病预防控制中心前些年末发布的监控检测表明，一种与感冒发烧症状很相似的"军团病"正在成为威胁我们的健康杀手之一。军团杆菌是一种特殊的细菌，主要寄生在中央空调的冷却水和管道系统中，可经通风口进入建筑的内部，袭击长期生活在装有中央空调环境内的市民，其中尤以写字楼的白领为多。随着春夏来临，气温升高和空调的使用，军团杆菌这个"杀手"正日益威胁着"都市白领"的健康和安全。

　　军团病是由嗜肺军团杆菌引起的以肺炎为主的急性感染性疾病，有时可发生暴发流行。军团菌广泛存在于水及土壤环境中，是机会致病菌，由空气传播，自呼吸道侵入，或由饮用水传播，人体在免疫力下降时易

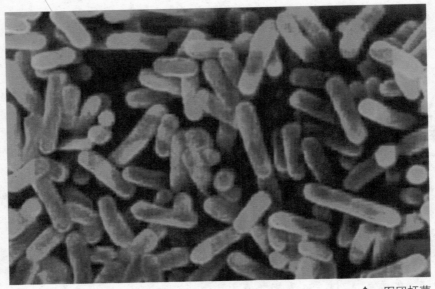

↑ 军团杆菌

感染发生疾病。据专家介绍,患上"军团病"的患者多以呼吸道感染为主,表现为高烧寒战、咳嗽、胸痛、呼吸困难及腹泻等,其症状与其他病原菌引起的一般肺炎非常相似。此病之所以危险,还因为它的诊断有一定的难度,因为要明确诊断必须对患者痰液做 7 天以上的培养。

以统计数据来看,常在饭店和写字楼的人群军团杆菌感染率为 9.9%,一般人群不过 3.5%,故而患上"军团病"的概率一般较低,可一旦患上军团杆菌肺炎将是非常可怕的事情。此病在没有免疫缺陷的正常人中,死亡率为 30%,经过治疗后死亡率可降低为 5%。但如果是有免疫缺陷的人,该数字将激升至 70%。军团杆菌肺炎与普通肺炎不同之处是它绝对不会自然康复。如果患者在早期不重视或者是治疗、用药不规范,1 ~ 7 天内就可能会死亡。

要预防"军团病"的发生和流行，我们不妨从了解病菌产生的原因入手。军团菌可从土壤和河水中分离出病菌，它在自来水中可存活 1 年左右，在蒸馏水中存活 2～4 个月。医学家们最初是从自来水龙头和贮水槽里的水样中分离出此菌的。研究数据表明：不经常使用的水管和停用一夜的水龙头里的残留水，会有军团菌的大量繁殖，高温高湿度是促发的诱因。据该疾病预防控制中心"军团病"研究及检测评价机构的专家介绍：军团病的病原菌大多生存在浴室、淋浴、喷泉、加湿器的冷热水管道系统等多种外环境水系统中，是"军团病"感染的主要传染菌。而水流停滞、水中沉积物等原因又促进了军团菌的繁殖生长，从而增加了该病感染的机会。空调系统的冷水及湿润器、喷雾器内的水都可受到本菌污染，并通过带水的飘浮物或细水滴的形成，从空气传播本病。在医院和旅馆等处曾多次从供水系统内分离出致病菌，并引起了"军团病"的发生。

"军团病"的防治措施：首先要对军团菌主要滋生地——中央空调系统和冷热水系统进行日常处理，包括定期清洗空调冷却塔及管道，减少淤泥及沉积物形成；此外是要保证空调系统注入水的洁净，保持热水系统水温 60℃以上，避免使用长期贮存水。最重要的是对大型建筑物的中央空调系统，要定期使用军团菌敏感的消毒抑菌剂，保证有效抑制军团菌繁殖生长。而宾馆、写字楼等经常使用中央空调的单位更应该定期到相关的卫生机构对中央空调和冷热水进行检测，一旦发现军团菌检测阳性和浓度超标，就应当立刻采取有效的消毒措施。

艾滋病毒的特点及其传播途径

HIV 病毒人类免疫缺陷病毒（Human Immunodeficiency Virus），顾名思义它会造成人类免疫系统的缺陷。1981 年，人类免疫缺陷病毒在美国首次发现。它是一种感染人类免疫系统细胞的慢病毒（Lentivirus），属反转录病毒的一种。至今无有效疗法的致命性传染病。该病毒破坏人体的免疫能力，导致免疫系统的失去抵抗力，而导致各种疾病及癌症得以在人体内生存，发展到最后，导致艾滋病（获得性免疫缺陷综合征）。

在世界范围内艾滋病导致了近 1200 万人的死亡，超过 3000 万人受到感染。在感染后会整合入宿主细胞的基因组中，而目前的抗病毒治疗并不能将病毒根除。在 2004 年底，全球有约 4000 万被感染并与人类免疫缺陷病毒共同生存的人，流行状况最为严重的仍是撒哈拉以南非洲，其次是南亚与东南亚，但近年涨幅最快的地区是东亚、东欧及中亚。

人类免疫缺陷病毒直径约 120 纳米，大致呈球形。艾滋病毒的特点主要为以下几点：

1. 主要攻击人体的 T 淋巴细胞系统。

2. 一旦侵入机体细胞，病毒将会和细胞整合在一起终生难以消除。

3. 病毒基因变化多样。

4. 广泛存在于感染者的血液、精液、阴道分泌物、唾液、尿液、乳汁、脑脊液、有神经症状的脑组织液中，其中以血液、精液、阴道分泌物中浓度最高。

5. 对外界环境的抵抗力较弱，对乙肝病毒有效的消毒方法对艾滋病病毒消毒也有效。

6. 感染者潜伏期长，死亡率高。

7. 艾滋病病毒的基因组比已知任何一种病毒基因都复杂。

HIV 感染者是传染源，传播途径：

1. 性传播：通过同性恋之间及异性间的性接触感染。

2. 血液传播：通过输血、血液制品或没有消毒好的注射器传播，静脉嗜毒者共用不经消毒的注射器和针头造成严重感染，据我国云南边境静脉嗜毒者感染率达 60%。

3. 母婴传播：包括经胎盘、产道和哺乳方式传播。

"菌种之冠" ——银耳

银耳，也叫白木耳、雪耳，有"菌中之冠"的美称。它既是名贵的营养滋补佳品，又是扶正强壮的补药。银耳性平无毒，既有补脾开胃的功效，又有益气清肠的作用，还可以滋阴润肺。另外，银耳还能增强人体免疫力，以

↑　银耳

及增强肿瘤患者对放疗、化疗的耐受力。因此，在日常生活中，在煮粥、炖猪肉时可放一些银耳，这样即可以享受美食，又能滋补身体，一举两得。银耳中含有丰富的蛋白质维生素等，所以银耳粉有抗老去皱及紧肤的作用，常敷还可以去雀斑、黄褐斑等。质量上乘者称作雪耳。银耳被人们誉为"菌中之冠"，既是名贵的营养滋补佳品，又是扶正强壮之补药。历代皇家贵族将银耳看做是"延年益寿之品"、"长生不老良药"。

"菌中皇后"——竹荪

竹荪是寄生在枯竹根部的一种隐花菌类，形状略似网状干白蛇皮，它有深绿色的菌帽，雪白色的圆柱状的菌柄，粉红色的蛋形菌托，在菌柄顶端有一圈细致洁白的网状裙从菌盖向下铺开，整个菌体显得十分俊美、色彩鲜艳稀有珍贵，被人们称为"雪裙仙子"、"山珍之花"、"真菌之花"、"菌中皇后"。竹荪营养丰富，香味浓郁，滋味鲜美，自古就列为"草八珍"之一。

← 竹荪

"素中有荤" 的山珍——元蘑

元蘑是东北著名野生食用菌，它是蘑菇中仅次于猴头蘑的上品蘑。是极少数不能人工培育的食用菌之一。元蘑含有丰富的蛋白质、脂肪、糖类、钙、磷等营养成分，滋味鲜美，有较高

↑ 元蘑

的食用价值。其味道与海鲜相似，用元蘑做菜肴，荤素兼宜，有炒、炖、烩、烧等多种吃法，堪称"素中有荤"的山珍。经常食用具有加强肌体免疫，增强机体抵抗能力，益智开心，益气不饥，延年轻身等作用。元蘑入药，具有舒筋活络、强筋壮骨的功能，主治腰腿疼痛、手足麻木、筋络不舒等症。

猴头蘑

　　猴头蘑也被称为猴头菇、猴头，因其形似猴头而得名，为名贵野生食用菌。猴头蘑肉白、细软，微有轻香。猴头蘑做法也有很多种，烹调后味极鲜美，故将"猴头、燕窝、鲨鱼翅"列为山珍海味之首。猴头蘑含有大量蛋白质、脂肪、碳水化合物、氨基酸和多种维生素，能增强人体免疫力。猴头菌性味甘平，具有利五脏、助消化的功效，含有多肽、多糖和脂肪族酰等多种抗癌物质，有很好的增强机体免疫功能作用，对消化道癌肿有很好的疗效，并有利于手术后伤口愈合。

← 猴头蘑

灵芝及其作用

灵芝又称灵芝草、神芝、芝草、仙草、瑞草，是多孔菌科植物赤芝或紫芝的全株。根据我国第一部药物专著《神农本草经》记载：灵芝有紫、赤、青、黄、白、黑 6 种，性味甘平。灵芝原产于亚洲东部，中国古代认为灵芝具有长生不老、起死

↑　灵芝

回生的功效，视为仙草。灵芝一般生长在湿度高且光线昏暗的山林中，主要生长在腐树或是其树木的根部。灵芝一词最早出现在东汉张衡《西京赋》"浸石菌于重涯，濯灵芝以朱柯"之中。

灵芝主治虚劳、咳嗽、气喘、失眠、消化不良、恶性肿瘤等。动物药理实验表明：灵芝对神经系统有抑制作用，循环系统有降压和加强心脏收缩力的作用，对呼吸系统有祛痰作用，此外，还有护肝、提高免疫功能及抗菌等作用。

世界上灵芝科的种类主要分布在亚洲、澳洲、非洲及美洲的热带及亚热带，少数分布于温带。地处北半球温带的欧洲仅有灵芝属的 4 种，而北美洲大约 5 种。我国地跨热带至寒温带，灵芝科种类多而分布广。

木耳

　　木耳，别名黑木耳、光木耳。真菌学分类属担子菌纲，木耳目，木耳科。色泽黑褐，质地柔软，味道鲜美，营养丰富，可素可荤，不但为中国菜肴大添风采，而且能养血驻颜，令人肌肤红润，容光焕发，并可防治缺铁性贫血及其他药用功效。主要分布于黑龙江、福建、台湾、湖北、广东、广西、四川、贵州、云南等地。生长于栎、杨、榕、槐等 120 多种阔叶树的腐木上，单生或群生。目前人工培植以椴木的和袋料的为主。

← 木耳

Part 6
气象万千

海市蜃景

　　蓬莱位于山东半岛的北部，面临渤海海峡，与长山列岛相峙，是个依山傍海的古城。蓬莱的出名，和蓬莱海市奇景有直接关系。从古至今，人们都在赞美蓬莱仙境。那么，蓬莱海市是怎么一回事？要解开这个谜，先要弄清楚什么是海市蜃楼？为什么会产生蜃景？

　　海市，也称海市蜃楼，如今气象学中统一名称为蜃景。蜃景是一种非常特殊的气候现象。因为它是一种十分少见的幻景，因而显得十分神秘。只要我们具有一般的物理常识，就不难解释产生蜃景的原因。当我们把筷子插入盛水的玻璃杯中后，你会发现，筷子像是被水折断似的。这个实验告诉我们，光线在穿过密度均匀的物质（介质）时，其传播方向和速度一般保持不变；当光线倾斜地穿过密度不同的两种介质时，在两种介质接触的地方，或者叫界面，不仅传播速度发生改变，而且行进的方向也发生偏折，这就是物理学中的光折射。当光线由密度较小的物质中射入密度较大的物质中也就是说，从疏介质进入密介质时，要向垂直于界面的法线方向偏折，即折射角小于入射角。反之，折射角会大于入射角。这就是光的折射规律。在大自然中，空气层的各部分密度是有差别的，在特殊情况下，这种密度差还很大，因此，发生光的折射和反射现象就非常正常了。

进入春节或者夏季，海水温度和陆地温度相差较大，在海风和海流的直接影响下，海面空气经常出现下冷上暖的现象，出现低层空气密度大，高层空气密度小。如果此时太阳光从海洋远处物体上反射出来，穿过空气密度不同的两个界面，就要发生光折射；当这种光线从上前方斜着映入人们的视线时，就会看到远方出现的物体幻影。蜃景是一种十分壮观奇丽的自然现象，"蓬莱仙境"就是这一气候现象的形象描述。当然，蜃景并非滨海独有，在沙漠、江河湖泊、山地丘陵等地都可能出现。

在国外，也有许多关于蜃景奇观的记载。1913年美国的一个探险队去寻找一座神秘的高地。这个高地是探险队中的一个成员在几天前发现的。探险队为了证实这个新发现，乘船驶过冰山海域，然后登上冰川，步行前进，直到探险队看到那个被称之为是新发现的大山时，景象慢慢改变了。最后，随着地球和太阳转动，探险队面前的景观消失得一干二净。高山化为乌有，留下的只是广阔无垠的冰山海洋。事后，探险队认识到，他们上了自然界的当，海市蜃楼骗了他们。在战争史上，也有蜃景的记录。1798年，拿破仑的军队在埃及沙漠中行进，茫茫沙漠中突然出现迷乱的景象，一会儿出现一个大湖，顷刻间又消失了。一会又是一片棕榈树林，转眼间又变成荒草的叶子。士兵们被弄糊涂了，以为世界末日来临，纷纷跪下祈求上帝来拯救自己。第一次世界大战时，在一次沙漠会战中，一队英国炮兵正在射击，突然间，射击目标变成了一座海市蜃楼，指挥官被眼前发生的一切弄得莫名其妙，不得不停止炮击。另一次，一位德国潜艇艇长通过潜望镜看到了美国纽约市，他以为自己指挥的潜艇跑错航线，进入美国海域，赶紧下令撤退。其实，这位艇长也是受了蜃景的欺骗。

彩虹为何总是弯曲的

雨后，我们常常可以看到天空中呈现出五颜六色的弧形彩虹。为什么天空会有彩虹呢？彩虹的形成是太阳光射向空中的水珠经过折射→反射→折射后射向我们的眼睛所形成。也就是说，若太阳光与地面水平，则观看彩虹的仰角约为 42°。以相同视角射向眼睛的所有光束，必然在一个圆锥面上。

想象你看着东边的彩虹，太阳在从背后的西边落下。白色的阳光（彩虹中所有颜色的组合）穿越了大气，向东通过了你的头顶，碰到了从暴风雨落下的水滴。当一道光束碰到了水滴，会有两种可能：一是光可能直接穿透过去，或者更有趣的是，它可能碰到水滴的前缘，在进入时水滴内部产生弯曲，接着从水滴后端反射回来，再从水滴前端离开，往我们这里折射出来。这就是形成彩虹的光。

光穿越水滴时弯曲的程度，端视光的波长（即颜色）而定——红色光的弯曲度最大，橙色光与黄色光次之，依此类推，弯曲最少的是紫色光。

每种颜色各有特定的弯曲角度，阳光中的红色光，折射的角度是 42°，蓝色光的折射角度只有 40°，所以每种颜色在天空中出现的位置都不同。

若你用一条假想线，连接你的后脑勺和太阳，那么与这条线呈 42°夹角的地方，就是红色所在的位置。这些不同的位置勾勒出一个弧。既然蓝色与假想线只呈 40°夹角，所以彩虹上的蓝弧总是在红色的下面。

彩虹之所以为弧形这当然与其形成有着不可分割的关系，同样这也与地球的形状有很大的关系，由于地球表面为一曲面而且还被厚厚的大气所覆盖，在雨后空气中的水含量比平时高，当阳光照射入空气中的小水滴形成了折射，同时由于地球表面的大气层为一弧面，从而导致了阳光在表面折射形成了我们所见到的弧形彩虹！

↑ 彩虹

雾凇

雾凇俗称树挂，是一种冰雪美景。雾凇是寒冷北方冬季可以见到的一种类似霜降的自然现象，它其实也是霜的一种。

颗粒状霜晶称为雾凇，它是由冰晶在温度低于冰点以下的物体上形成的白色不透明的粒状结构沉积物。过冷水滴（温度低于零度）碰撞到同样低于冻结温度的物体时，便会形成雾凇。当水滴小到一碰上物体马上冻结时便会结成雾凇层或雾凇沉积物。雾凇层由小冰粒构成，在它们之间有气孔，这样便造成典型的白色外表和粒状结构。

由于各个过冷水滴的迅速冻结，相邻冰粒之间的内聚力较差，易于从附着物上脱落。被过冷却云环绕的山顶上最容易形成雾凇，它也是飞机上常见的冰冻形式，在寒冷的天气里，泉水、河流、湖泊或池塘附近的蒸雾也可形成雾凇。雾凇是受到人们普遍欣赏的一种自然美景，但是它有时也会成为一种自然灾害。严重的雾凇有时会将电线、树木压断，造成损失。

那么，为什么在吉林省的吉林市的雾凇特别著名？原来，吉林市冬季气候严寒，清晨气温一般都低至零下20℃～25℃，尽管松花湖面上结了1米厚的坚冰，而从松花湖大坝底部丰满水电站水闸放出来的湖水却在零上 4℃。这 25℃～30℃ 的温差使得湖水刚一出闸，就如开锅般地腾起浓雾。这就是美丽的吉林雾凇得天独厚的原料来源。这种得天独厚条件形成的雾凇既奇厚又结构疏松，因而显得特别轻柔丰盈、婀娜多姿、美丽绝伦。

↑ 雾凇

雪 崩

　　积雪的山坡上，当积雪内部的内聚力抗拒不了它所受到的重力拉引时，便向下滑动，引起大量雪体崩塌，人们把这种自然现象称作雪崩。也有的地方把它叫做"雪塌方"、"雪流沙"或"推山雪"。雪崩，每

↑　雪崩

每是从宁静的、覆盖着白雪的山坡上部开始的。突然间，咔嚓一声，勉强能够听见的这种声音告诉人们这里的雪层断裂了。先是出现一条裂缝，接着，巨大的雪体开始滑动。雪体在向下滑动的过程中，迅速获得了速度。于是，雪崩体变成一条几乎是直泻而下的白色雪龙，腾云驾雾，呼啸着声势凌厉地向山下冲去。

　　雪崩是一种所有雪山都会有的地表冰雪迁移过程，它们不停地从山体高处借重力作用顺山坡向山下崩塌，崩塌时速度可以达 20～30 米／秒，

随着雪体的不断下降,速度也会突飞猛涨,一般12级的风速度为20米／秒,而雪崩将达到97米／秒,速度可谓极大。具有突然性、运动速度快、破坏力大等特点。它能摧毁大片森林,掩埋房舍、交通线路、通讯设施和车辆,甚至能堵截河流,发生临时性的涨水。同时,它还能引起雪山雪崩后留下的痕迹山体滑坡、山崩和泥石流等可怕的自然现象。因此,雪崩被人们列为积雪山区的一种严重自然灾害。

雪崩常常发生于山地,有些雪崩是在特大雪暴中产生的,但常见的是发生在积雪堆积过厚,超过了山坡面的摩擦阻力时。雪崩的原因之一是在雪堆下面缓慢地形成了深部"白霜",这是一种冰的六角形杯状晶体,与我们通常所见的冰碴相似。这种白霜的形成是因为雪粒的蒸发所造成,它们比上部的积雪要松散得多,在地面或下部积雪与上层积雪之间形成一个软弱带,当上部积雪开始顺山坡向下滑动,这个软弱带起着润滑的作用,不仅加速雪下滑的速度,而且还带动周围没有滑动的积雪。

人们可能察觉不到,其实在雪山上一直都进行着一种较量:重力一定要将雪向下拉,而积雪的内聚力却希望能把雪留在原地。当这种较量达到高潮的时候,哪怕是一点点外界的力量,比如动物的奔跑、滚落的石块、刮风、轻微地震动,甚至在山谷中大喊一声,只要压力超过了将雪粒凝结成团的内聚力,就足以引发一场灾难性雪崩。例如刮风。风不仅会造成雪的大量堆积,还会引起雪粒凝结,形成硬而脆的雪层,致使上面的雪层可以沿着下面的雪层滑动,发生雪崩。

雪崩的发生是有规律可循的。大多数的雪崩都发生在冬天或者春天的降雪非常大的时候。尤其是暴风雪爆发前后。这时的雪非常松软,粘合力比较小,一旦一小块被破坏了,剩下的部分就会像一盘散沙或是多米诺骨牌一样,产生连锁反应而飞速下滑。

风切变

　　风切变是一种大气现象，是风速在水平和垂直方向的突然变化。风切变是导致飞行事故的大敌，特别是低空风切变。国际航空界公认低空风切变是飞机起飞和着陆阶段的一个重要危险因素，被人们称为"无形杀手"。

　　产生风切变的原因主要有两大类，一类是大气运动本身的变化所造成的；另一类则是地理、环境因素所造成的。有时是两者综合而成。

　　1. 产生风切变的天气背景。能够产生有一定影响的低空风切变的天气背景主要有 3 类。

　　（1）强对流天气。通常指雷暴、积雨云等天气。在这种天气条件影响下的一定空间范围内，均可产生较强的风切变。尤其是在雷暴云体中的强烈下降气流区和积雨云的前缘阵风锋区更为严重。对于特别强的下降气流称为微下冲气流，是对飞行危害最大的一种。它是以垂直风为主要特征的综合风切变区。

　　（2）锋面天气。无论是冷锋、暖锋等均可产生低空风切变。不过其强度和区域范围不尽相同。这种天气的风切变多以水平风的水平和垂直切变为主（但锋面雷暴天气除外）。一般来说其危害程度不如强对流天气的风切变。

（3）辐射逆温型的低空急流天气。秋冬季晴空的夜间，由于强烈的地面辐射降温而形成低空逆温层的存在，该逆温层上面有动量堆集，风速较大形成急流，而逆温层下面风速较小，近地面往往是静风，故有逆温风切变产生。该类风切变强度通常更小

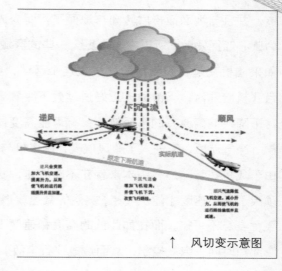

↑ 风切变示意图

些，但它容易被人忽视，一旦遭遇若处置不当也会发生危险。

2. 地理、环境因素引起的风切变。这里的地理、环境因素主要是指山地地形、水陆界面、高大建筑物、成片树林与其他自然的和人为的因素。这些因素也能引起风切变现象。其风切变状况与当时的盛行风状况（方向和大小）有关，也与山地地形的大小、复杂程度，迎风背风位置，水面的大小和机场离水面的距离，建筑物的大小、外形等有关。一般山地高差大，水域面积大，建筑物高大，不仅容易产生风切变，而且其强度也较大。

为什么低空风切变会有如此的危害性呢？这是由风切变的本身特性造成的。以危害性最大的微下冲气流为例，它是以垂直风切变为主要特征的综合风切变区。由于在水平方向垂直运动的气流存在很大的速度梯度，也就是说垂直运动的风速会出现突然的加剧，就产生了特别强的下降气流，被称为微下冲气流。这个强烈的下降气流存在一个有限的区域

内，并且与地面撞击后转向与地面平行而变成为水平风，风向以撞击点为圆心四面发散，所以在一个更大一些的区域内，又形成了水平风切变。如果飞机在起飞和降落阶段进入这个区域，就有可能造成失事。比如，当飞机着陆时，下滑通道正好通过微下冲气流，那么飞机会突然的非正常下降，偏离原有的下滑轨迹，有可能高度过低造成危险。当飞机飞出微下冲气流后，又进入了顺风气流，使飞机与气流的相对速度突然降低，由于飞机在着陆过程中本来就在不断减速，我们知道飞机的飞行速度必须大于最小速度才能不失速，突然的减速就很可能使飞机进入失速状态，飞行姿态不可控，而在如此低的高度和速度下，根本不可能留给飞行员空间和时间来恢复控制，从而造成飞行事故。

严重的低空风切变，常发生在低空急流即狭长的强风区，对飞行安全威胁极大。这种风切变气流常从高空急速下冲，像向下倾泻的巨型水龙头，当飞机进入该区域时，先遇强逆风，后遇猛烈的下沉气流，随后又是强顺风，飞机就像狂风中的树叶被抛上抛下而失去控制，因此，极易发生严重的坠落事件。

山洪灾害

　　山洪灾害是指由山洪暴发而给人类社会所带来的危害，包括溪河洪水泛滥、泥石流、山体滑坡等造成的人员伤亡、财产损失、基础设施损坏以及环境资源破坏等。

　　山洪灾害的种类主要有：1. 溪河洪水：暴雨引起山区溪河洪水迅速上涨，是山洪一种最为常见的表现形式。由于溪河洪水具有突发性、水量集中、破坏力大等特点，常冲毁房屋、田地、道路和桥梁，甚至可能导致水库、山塘溃决，造成人身伤亡和财产损失，危害很大；2. 滑坡：土体、岩块或斜坡上的物质在重力作用下沿滑动面发生整体滑动形成滑坡。滑坡发生时，会使山体、植被和建筑物失去原有的面貌，可能造成严重的人员伤亡和财产损失；3. 泥石流：山区沟谷中暴雨汇集形成洪水、挟带大量泥沙石块成为泥石流。泥石流具有暴发突然、来势迅猛、动量大的特点，并兼有滑坡和洪水破坏的双重作用，其危害程度往往比单一的滑坡和洪水的危害更为广泛和严重。

　　山洪灾害发生的主要因素有 3 个方面：1. 地质地貌因素。山洪灾害易发地区的地形往往是山高、坡陡、谷深，切割深度大，侵蚀沟谷发育，其地质大部分是渗透强度不大的土壤，如紫色砂页岩、泥质岩、红砂岩、

← 山洪爆发

板页岩发育而成的抗蚀性较弱的土壤，遇水易软化、易崩解，极有利于强降雨后地表径流迅速汇集，一遇到较强的地表径流冲击时，从而形成山洪灾害；2. 人类活动因素。山区过度开发土地，或者陡坡开荒，或工程建设对山体造成破坏，改变地形、地貌，破坏天然植被，乱砍滥伐森林，失去水源涵养作用，均易发生山洪。由于人类活动造成河道的不断被侵占，河道严重淤塞，河道的泄洪能力降低，也是山洪灾害形成的重要因素之一；3. 气象水文因素。副热带高压的北跳南移，西风带环流的南侵北退，以及东南季风与西南季风的辐合交汇，形成了山丘区不稳定的气候系统，往往造成持续或集中的高强度降雨；气温升高导致冰雪融化加快或因拦洪工程设施溃决而形成洪水。据统计，发生山洪灾害主要是由于受灾地区前期降雨持续偏多，使土壤水分饱和，地表松动，遇局地短时强降雨后，降雨迅速汇聚成地表径流而引发溪沟水位暴涨、泥石流、崩塌、山体滑坡。从整体发生、发展的物理过程可知，发生山洪灾害主要还是持续的降雨和短时强降雨而引发的。